パリのお菓子。

フィガロジャポン編集部＊編

阪急コミュニケーションズ

Sommaire 目次

chapitre 1
Pâtisserie Tradition
伝統の味にみんなが恋する人気店

- 008　Sucré Cacao　シュクレ・カカオ
- 012　Stohrer　ストレール
- 016　Carl Marletti　カール・マルレッティ
- 018　Jacques Genin Fondeur en Chocolat
　　　ジャック・ジュナン フォンダー・アン・ショコラ
- 020　La Pâtisserie des Rêves　ラ・パティスリー・デ・レーヴ
- 022　Hugo & Victor　ユーゴ&ヴィクトール
- 024　Le Meurice Le Dali　ル・ムーリス ル・ダリ
- 026　Angelina　アンジェリーナ
- 028　Hôtel Plaza Athénée Galerie de Gobelins
　　　オテル・プラザ・アテネ ギャラリー・ドゥ・ゴブラン
- 030　Des Gâteaux & du Pain　デ・ガトー・エ・デュ・パン
- 032　Ladurée Royale　ラデュレ・ロワイヤル店

Le Gâteau Column 1
プロフェッショナルが語る、パリの新クラシック菓子。

- 039　Arnaud Larher　アルノー・ラエール
- 039　Lenôtre　ルノートル
- 039　Sadaharu Aoki Paris　サダハル・アオキ・パリ
- 040　Vandermeersch　ヴァンデルメルシュ
- 040　La Maison du Chocolat　ラ・メゾン・デュ・ショコラ
- 040　Fauchon　フォション
- 041　Pierre Hermé　ピエール・エルメ
- 041　Jean-Paul Hévin　ジャン=ポール・エヴァン
- 041　Christian Constant　クリスチャン・コンスタン

chapitre 2
Mon Goût Favori
パリっ子が教えるとっておきの1軒

044	Pain de Sucre	パン・ドゥ・シュークル
046	Aux Délices des Anges	オ・デリス・デ・ザンジュ
048	Lecureuil	レクルイユ
050	Jean Millet	ジャン・ミエ
052	Le Bon Marché la Grande Epicerie	ル・ボン・マルシェ ラ・グラン・デピスリー
054	Tartes Kluger	ラルト・クリュゲール
056	Art Macaron	アール・マカロン
057	Berthillon	ベルティヨン
058	Le Moulin de la Vierge	ル・ムーラン・ドゥ・ラ・ヴィエルジュ
059	Pralus	プラリュ
060	Chez Bogato	シェ・ボガト
061	Berko	ベルコ

Le Gâteau Column 2
お散歩しながら立ち寄りたいショコラティエ＆パン屋さん。

062	David Liébaux ダヴィッド・リエボー		065	Le Boulanger de Monge ル・ブランジェ・ドゥ・モンジュ
063	A la Mère de Famille ア・ラ・メール・ドゥ・ファミーユ		065	Poilâne ポワラーヌ
063	Jean-Charles Rochoux ジャン=シャルル・ロシュー		066	Le Boulanger des Invalides ル・ブランジェ・デ・ザンヴァリッド
064	Le Cacaotier ル・カカオティエ		067	Boulangerie Coline ブランジュリー・コラン
064	Patrick Roger パトリック・ロジェ		067	Du Pain et des Idées デュ・パン・エ・デ・ジデ

chapitre 3
Salon de Thé
ティータイムにのんびり過ごすサロン・ド・テ

070	Salon du Panthéon	サロン・デュ・パンテオン
072	Loir dans la Théière	ロワール・ダン・ラ・テイエール
074	Mamie Gâteaux	マミー・ガトー
076	Cupcakerie "Chloé.S"	カップケークリー "クロエズ"
078	Le Bar du Bristol	ル・バー・デュ・ブリストル
080	Thé Cool	テ・クール
081	A Priori Thé	ア・プリオリ・テ
082	Les Nuits des Thés	レ・ニュイ・デ・テ
083	La Petite Rose	ラ・プティット・ローズ
084	Café de la Paix	カフェ・ドゥ・ラ・ペ
085	1T rue Scribe	アン・テ・リュ・スクリブ

Le Gâteau Column 3
季節限定のスペシャリテ、パリのお菓子歳時記。

087	Thérèse & Michel Beucher アルノー・ラエール		088	Martine Lambert マルティーヌ・ランベール
088	Carette カレット		089	Aurore et Capucine オロール・エ・カプシーヌ
088	Blé Sucré ブレ・シュクレ			

chapitre 4
Provence
太陽が育てたお菓子を探してプロヴァンスへ

094　Au Pierrot Blanc　オ・ピエロ・ブラン

096　Riederer　リデゥレ

097　Jef Challier　ジェフ・シャリエ

098　Le Thé dans l'Encrier 　ル・テ・ダン・ランクリエ

100　Confiserie Nano　コンフィズリー・ナノ

102　Confiserie du Mont Ventoux
　　　コンフィズリー・デュ・モン・ヴァントゥ

（特別付録）
106　# Recette
有名パティスリーが自慢のレシピをこっそり教えます

118　# Plan des Patisseries
お菓子を巡るパリの地図

- 本書に掲載したデータは、2010年7月現在のものです。店舗の情報、価格、商品の取り扱いの有無等は変更することがありますので、ご了承ください。
- map A などの記号は、P118-124のマップ番号を示します。プロヴァンスの店舗はP105にマップがあります。
- 住所情報の略記：Ⓜ=最寄りの地下鉄駅
- クレジットカードの略記：Ⓐ=AMEX、Ⓓ=DINERS、Ⓙ=JCB、Ⓜ=MASTER、Ⓥ=VISA
- 1ユーロ=約113円（2010年7月末現在）

chapitre 1

伝統の味にみんなが恋する人気店

Pâtisserie Tradition

昔から愛されてきたお菓子は
優しくて飾らないおいしさ。
老舗から新進気鋭のパティスリーまで
思わず顔がほころぶ味わいをどうぞ。

Sucré Cacao
シュクレ・カカオ

パリ中から愛される、街はずれの飾らない味。

　ルーヴル美術館のある1区から始まって、2区、3区……と時計回りにぐるぐる渦を巻くパリ。20区はその渦巻きの最終地点、つまりパリのはじっこ。長年住んでいる人々がのんびり行き交う、下町情緒漂うエリアだ。ここに、地元の人はもちろん、遠くからもおいしいお菓子を求めてお客さんがやってくる、シュクレ・カカオがある。オープンは1999年。ペルティエやル・ムーリスでシェフ・パティシエを務めた、ジェームス・ベルティエさんのお店だ。06年に改装し、明るくモダンな店内に生まれ変わった。

　入ってすぐ左手に、ひと目でケーキが見渡せる、上が開いた開放型のショーケース。ダークブラウンの棚に浮かび上がる美しいデコレーションは、見ているだけで幸せな気持ちになってくる。その奥には、チョコレート、マカロンや焼き菓子などの棚が続く。いちばんに試したいのは、旬のフルー

左：旬のフルーツの甘みがぎゅっと詰まった小さなタルト「Tartelette」は各2.80ユーロ。手前から桃、アプリコット、イチジク。右：冗談が好きなジェームスさん。しっかり者のマダム、ソフィーさんにお店を任せて、すぐ近くのアトリエでお菓子作りに集中。

種類別にケースを分けた段々のディスプレイは、混雑時も見やすいようにという配慮。

ツをのせて焼き上げたタルト。ぎゅっと甘みが凝縮されたジューシーなフルーツと、ほのかに香ばしいアーモンドクリーム、さくさくのタルト生地。至福のハーモニーに、パリの田舎(失礼!)にありながら人気の秘密に納得。
　濃厚なチョコクリームとフランボワーズの酸味が絶妙な看板娘「オジリス」。オレンジのパウンドケーキは、その香りが口いっぱい広がり、ほろほろバターの風味とともにとけるよう。ジェームスさんのクラシックな菓子

は、シンプルなのにとても味わい深くて、たちまち虜に。その一方で、抹茶やパプリカなど新しい素材を使ったケーキも繊細な仕上がりだし、チョコレートだって専門店顔負けの逸品。

これだけのお店なら、パリの中心地でだって、と思うけれど——。「ほかの場所なんて考えたことがないよ。自分の名声やお金のために作ってるんじゃない、お客さんや家族に喜んでもらいたくて作ってるんだ」とジェームスさん。お店はマダムのソフィーさんが切り盛りする。常連客とにこやかに世間話を交わしながら、てきぱき接客。お店の上が住まいだから、2人の子どもたちも時おり顔をのぞかせる。

サンジェルマンの華やぎも、マレの賑わいもないけれど、ここにはのんびりとスイートな風が流れている。

ガンベッタ駅から坂道を上って、小さな公園の向かいのオレンジのひさしが目印。

上：アトリエはお店からすぐ。自宅もお店の上なので、娘のアメリちゃんもよくお手伝いにやって来る。下：壁には、弟のアントワーヌくんが描いた絵が飾られて。アットホームなムードもシュクレ・カカオの魅力。

Où trouver?

map S

89, avenue Gambetta 75020 Paris
☎ 01・46・36・87・11
Ⓜ GAMBETTA
営 9時〜19時30分（火〜土）
9時〜18時30分（日）
9時〜14時（祭、12/25）
休 月、7月中旬〜8月中旬の1カ月
カード：Ⓜ、Ⓥ
www.sucrecacao.com

chapitre 1・Pâtisserie Tradition　011

Stohrer
ストレール

心温まる伝統菓子を、
パリいちばんの老舗でどうぞ。

「愛の泉」というロマンティックな名をもつピュイ・ダムール。

ストレールの創業は1730年。ポーランド王でロレーヌ公国を治めていたスタニスラス・レクチンスキの娘、マリーがルイ15世に嫁いだときに、レクチンスキのお抱え菓子職人だったニコラ・ストレールが一緒にやってきて、後にパリで初めてのお菓子屋を開いたのがその始まり。エリザベス女王が2004年に来仏した際にはここを訪れ、ソフィア・コッポラの初のCM、香水「ミス ディオール シェリー オー」の撮影にも使われた、まさに王室からモード界にまでファンをもつ、パリいちの老舗だ。

　モントルグイユ市場は、かつてエミール・ゾラが「パリの胃袋」と呼んだ、両側に食料品店が軒を連ねる活気溢れる通り。そこで誇らしげに揺れる黄色いひさしが、ストレールのトレードマークだ。ここが発祥であるピュイ・ダムールやババ、フィガロ紙でベスト3に選ばれたエクレア、朝食のバゲットに夕飯のお惣菜。みんなのお目当てはそれぞれだけど、小さな店内はお客さんでいつもいっぱい。「創業当初のエスプリを保ち続けています。受け

低い位置にショーケースがあるから、小さな子どもも選ぶのに夢中。

左：店内の装飾は1860年のもので、パリ・オペラ座のロビーも手がけた画家、ポール・ボドリーが担当。外観とともに歴史的建造物に指定されている。右：ガラスに守られた優美な女性のキャンバス画。1枚は麦と瓶、もう1枚はババとピュイ・ダムールを持っている！

chapitre 1・Pâtisserie Tradition

上:パティスリーは生地を意味する「パート」から発生した語。肉なとを詰めたパイを売っていて、いまも老舗にお惣菜があるのは、当然の流れ。下:ブルーのモザイクタイルの床に刻まれた王冠と店名。

Où trouver?

map E
51, rue Montorgueil 75002 Paris ☎01・42・33・38・20
Ⓜ SENTIER, ETIENNE MARCEL 営7時30分〜20時30分
休8月前半の2週間　カード：Ⓙ、Ⓜ、Ⓥ　www.stohrer.fr

継がれてきた味わいを守りながら、進化することが大切なんです」と現在お店を守るリエナールさん。

　技術や道具が発達して、ともすれば楽な方へと流れがちないま、伝統のレシピと手仕事を支えるのは、「いつ来ても変わらない味を食べてもらうのが喜び」という思い。カスタードクリームのリッチなお菓子、ピュイ・ダムール、ラム酒が芳醇に香るババをはじめ、甘いクリームの上にフルーツが輝くタルト、カカオのリッチな風味が口に広がるチョコレートケーキなど。どれもがどこか懐かしくって、ひと口ごとに心がじんわり温かくなるよう。「もちろん、新しい商品開発にも力を注いでいますし、いまはいい素材が世界中から手に入るようになったから、最高品質のものを使うようにしています。バニラはマダガスカル産のブルボン種、レーズンはコリント産、フランボワーズはあちこちの国からその時期いちばんのものを使うなどね」

　パリが誇る老舗は、真摯に一本道。今日もみんなに幸せを届けている。

Carl Marletti
カール・マルレッティ

シンプルなのに温かい、
宝石店のようなパティスリー。

上：穏やかな笑顔に人柄がにじむカールさん。下左：ゆるやかな曲線を描くショーケースが、温かみのある雰囲気を演出。下右：上品なグレーの外観。

　活気溢れるムフタール市場を下った、噴水や公園があるピースフルな広場。ここに、フランスの代表的な伝統菓子、ミルフィーユで有名なカール・マルレッティさんのお店がある。15年間勤めたカフェ・ド・ラ・ペ時代からのスペシャリテ。そのおいしさの秘訣は「何層にも重ねた厚めの生地と、キャラメリゼした表面のパリッとした食感。そして、空気を含ませるように泡立てたクリームの軽さとやわらかさ」と言う（P115参照）。
　もうひとつの人気商品、レモンタルトも、甘酸っぱく軽く仕上げたクリームが、病みつきになりそうなおいしさ。「みんなの手が届く、質が高いお菓子を作りたい。目指すのは宝石店のようなパティスリー」。そう語るカールさんのお菓子は、どれもシンプルなのに優しい味わいで、彼の人柄そのもの。

季節で風味を変えるルリジューズ、エクレアなど、種類は多くないけれど、ひとつひとつ丁寧に作られたお菓子は、まさに宝石。そんななか、アメシストさながら、ひときわ美しいケーキを発見。「Lily Valley」は、奥さんのために作ったサントノレ。名前は彼女が近所で営む花屋さんから。店内のフラワーアレンジも彼女が担当する。愛が溢れるカールさんのお店。ここで生まれるお菓子がおいしくないはずがない!

左:カラフルなルリジューズはローズ、ピスタチオなど。各3.60ユーロ。手前がスミレ風味の美しいサントノレ「Lily Valley」。4.20ユーロ 右:目の前が公園のテラス席でいただくエスプレッソには、焼き菓子が添えられて。購入も可能。「Rochers Coco」100g6.80ユーロ

Où trouver?

map I
51, rue Censier
75005 Paris
☎01・43・31・68・12
Ⓜ CENSIER DAUBENTON
営10時〜20時(火〜土)
10時〜13時30分(日、祭)
休月、1/1、5/1、7/14、8月の3〜4週間
カード:Ⓙ、Ⓜ、Ⓥ
www.carlmarletti.com

Jacques Genin
Fondeur en Chocolat

ジャック・ジュナン フォンダー・アン・ショコラ

優雅なサロン・ド・テでいただく、
作りたてのスイーツ。

左:「ここは、お客さんからの反応がすぐ返ってくるところがいい」とジャックさん。右:ホテルのロビーのようなシックなサロン・ド・テ。螺旋階段の上のアトリエから作りたてのお菓子が運ばれてくる。

　北マレの庶民的なエリアに位置する17世紀の建物は、当時のままの壁や木の質感が残る。400㎡もの広さで、1階がブティックとサロン、2階がアトリエになっている。オーナー・パティシエのジャック・ジュナンさんは、その経歴がユニークだ。アルザスからパリに上京、レストランで働き始め、独立までするが、そのうち興味はお菓子やチョコレートへ。メゾン・デュ・ショコラに勤めた後、1996年には小さなアトリエを構える。フレッシュで質の高いチョコレートやキャラメルはたちまち評判になり、ジョルジュ・サンク、ル・ムーリスなど名だたるホテルやレストランの御用達に。そして2008年12月、念願の自身のブティックをオープンしたのだ。
　「40年のキャリアを経て、やっとこういう場所を持てた。人と人、人と味

左：ケーキはテイクアウト4.80ユーロ〜。チョコレートは9粒10ユーロ〜。ジャックさんセレクトのコニャックや中国茶なども揃う。右：「Millefeuilles」はプラリネ、フランボワーズなど。テイクアウト6ユーロ〜。

Où trouver?

map B
133, rue de Turenne
75003 Paris
☎ 01・45・77・29・01
Ⓜ FILLES
DU CALVAIRE
営 11時〜19時(火〜金、日) 11時〜20時(土)
休 月
カード：Ⓐ、Ⓙ、Ⓜ、Ⓥ

わい、そんな出会いの場所を作りたい」

　いちばん好きなアーティストは、モーツァルトと言う。「自分の世界を求めながら、人に感動を与えることができるから」と。アーモンドとヘーゼルナッツの香ばしい食感、たっぷりプラリネクリームをはさんだパリ・ブレスト。しっかり焼き上げたシュー生地にテクスチャー豊かなクリームが詰まったエクレア。ミルフィーユは注文が入ってから仕上げるこだわりぶり。さまざまな経験を積んだジャックさんのお菓子は、味わい深く、力強い旋律を奏でる。

　マンゴーやコリアンダーなど25種類ほど揃うボンボン・ショコラのフレッシュで繊細な味わい、口の中でとろけるようなキャラメルも人気だ。

　2軒目は絶対日本に開きたい、とジャックさん。これからも目が離せない。

La Pâtisserie des Rêves
ラ・パティスリー・デ・レーヴ

パティスリー界の巨匠による、夢のようなお菓子たち。

16区の店だけで提供しているシュー。バニラ、バニラ&ライム、キャラメル、ピスタチオ&フランボワーズ、アーモンドの5つの味。

　フィリップ・コンティシーニという名前をご存知だろうか？ フランスのパティスリー界ではその名を知らぬ人はいない、鬼才パティシエとして大きな評価を受けている重鎮だ。いまでこそ、パティスリーに普通に並んでいるヴェリーヌ（グラスに入ったデザート）を、いまから20年以上も前に誕生させたのも彼なら、2005年のパティスリー・ワールド・カップでフランスチームを優勝に導いたコーチも彼だった。

「グルマンディーズな（食いしん坊的な）お菓子が好き」と言う、巨匠パティシエが考案したスイーツを食べられるのが、ここ。ミルフィーユ、シュー、エクレア、サントノレ、レモンタルト……フランスの伝統的なお菓子を、食感やデザイン面で新解釈。子供の頃を思い出す、ほっこりと懐かしい味なのに、見た目は斬新ではっとする美しさ。そんなお菓子がずらり並ぶ店は、白を基調にかわいらしい色をたっぷり配したキュートなつくり。2009年に誕生した7区の本店もよいけれど、2010年春にオープンした16区の店は、サロン・ド・テも併設しており、シューやビスキュイなど、こちらの店でしか味わえない商品もあるのでお勧め。中心部からは少々離れているが、足をはこぶ価値は大。

左：お菓子は、種類ごとにガラスの覆いをかぶせて展示。見ているだけで楽しくなる。
右：木漏れ日溢れるテラスもあるサロンでは、オリジナルハーブドリンクなども味わえる。

左：シューはオーダーが入ってからクリームを詰めるので、いつもできたてのフレッシュ感。小ぶりサイズなので、いろいろな味を試したい。右：閑静な住宅地の一隅にある。

Où trouver?

map F
111, rue de Longchamp
75016 Paris
☎01・47・04・00・24
Ⓜ RUE DE LA POMPE
🕗8時〜19時
㊡月　カード：Ⓜ、Ⓥ　www.
lapatisseriedesreves.com

Hugo & Victor
ユーゴ&ヴィクトール

クラシックとコンテンポラリー、
ふたつのスタイルを一度に堪能。

　この店の前を通る人は、思わず立ち止まってショーウインドーの中を覗き込んでしまう。黒とシルバー、そしてガラスでまとめた内装は、まるでジュエリー・ブティック。店内に入ると、それはそれは美しいお菓子たちが、静謐に並んでいる。

　2010年春に誕生したこのパティスリーのシェフは、ミシュラン3ツ星に輝く「ギ・サヴォア」のシェフ・パティシエとして活躍していたユーグ・プジェさん。レストランのデザートを得意とするパティシエらしく、作品は

上左：さっくり生地とまろやかなクリームのマカロンも人気。定番味のほか、マンゴー&スパイス、ブルーベリー&マスカルポーネなどユニークな味も。下：宝石店のような店内は見るだけでもワクワクする。

Où trouver?

map A
40, boulevard Raspail
75007 Paris
☎ 01・44・39・97・73
Ⓜ SEVRES BABYLONE
営 9時〜20時15分(月〜土)
9時〜13時30分(日)
無休　カード：Ⓜ、Ⓥ
www.hugovictor.com

8種のテーマに沿ったプチ・ガトーのほか、4人用、6人用の大ぶりなタルトなども販売。週末には、これら大きなタルトが飛ぶように売れていく。一番人気は、ジューシーなグレープフルーツ・タルト。

　すべて、フレッシュ感に溢れている。お菓子は少量ずつ仕上げ、常に作りたての質感にこだわっている。

　ユニークなのはお菓子のコンセプト。ショコラ、バニラ、イチゴ、パッションフルーツ、お茶など、8種のテーマを掲げ、各テーマごとに、タルトやミルフィーユなどのクラシック系"ユーゴ"と、形や食感にオリジナリティーを持たせたコンテンポラリー系"ヴィクトール"の2種を提案。同じ素材で、イメージが異なるふたつのお菓子を楽しめるしかけだ。

　マカロンやチョコレートなども秀逸。パリで生菓子を堪能したら、他のお菓子は日本に持ち帰って、ユーグさんの味をもう一度味わおう。

Le Meurice Le Dali

ル・ムーリス ル・ダリ

季節を変えて行きたくなる、フレッシュで繊細な味わい。

ティータイムには、バカラのテーブルに作りたてのデザートが並ぶ。

左:ティータイムのメニュー、「Les Gourmandises de Camille」はアソートで1種類5ユーロ。右上から時計回りに、パンナコッタ、マカロン、レモンタルト、イチゴと野イチゴのタルト。右:メインダイニングのデザート「Crema Chocolat Noir」は、ブラックチョコとヘーゼルナッツの軽いムースに、レモンのアクセント。

　2005年に弱冠25歳でホテル、ル・ムーリスのシェフ・パティシエとなったカミーユ・ルセックさん。パリいちとも言われる彼のクリエイションは、伝統のレシピを大切にしながら新しい素材や組み合わせも大胆に取り入れたもの。たとえば夏には、レモンタルトのメレンゲにライムを忍ばせたり、フランボワーズ果汁に浸してオーブンで焼いた白桃には、トマトコンフィを添えるなど。「旬の果物を使うのが好き。そして、大切なのは味わいのバランス。食べる人が素材の持ち味をわかってくれることが重要なんだ。食べた時どんな喜びを与えられるかを常に考えているよ」とカミーユさん。

　お菓子作りの原点は彼の叔父さんだ。「叔父が14区でパティスリーを経営していて、ヴァカンスになるとそこに手伝いに行くのが楽しみだった。甘い香りにすっかり魅せられたんだ。だからほかの職業を考えたことはないよ」

　フィリップ・スタルクが改装したクラシックかつセンシュアルな空間でいただく、洗練されたフレッシュな味わい。四季を映し出したようなスイーツは、春に秋にと季節を変えて訪れたい。

左:優しい目元に、やわらかな物腰のカミーユさん。右:このホテルを常宿にしたダリがテーマの、落ち着いた大人の空間。三ツ星シェフのヤニック・アレノの料理もここでいただける。

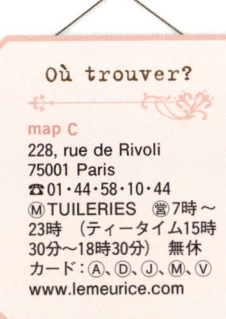

Où trouver?

map C
228, rue de Rivoli
75001 Paris
☎01・44・58・10・44
Ⓜ TUILERIES ⏰7時〜23時 (ティータイム15時30分〜18時30分) 無休
カード:Ⓐ、Ⓓ、Ⓙ、Ⓜ、Ⓥ
www.lemeurice.com

chapitre 1・Pâtisserie Tradition

Angelina
アンジェリーナ

ストーリーのあるお菓子作り、
老舗に吹く新しい風。

　パリを訪れたら、まずあのお店のあのお菓子を！ アンジェリーナのモンブランは、そんなスイーツの代表選手だ。
　ベルエポックの建築様式が美しいアンジェリーナは1903年創業。創業当初から看板メニューというモンブランのレシピを現在守っているのが、セバスチャン・ボエさんだ。レシピはそのままでも、美しいドーム状にモデルチェンジ。そのせいか口当たりが繊細になって、味わいもより軽やかに

上：シェフ・パティシエのセバスチャンさん。下：名物のモンブランは、こってりしたマロンクリームの中に軽いホイップクリーム、土台のメレンゲは優しい甘さで口の中でとけるよう。もうひとつの名物、生クリームをのせていただく濃厚なホットチョコレートと一緒に。各6・90ユーロ

左:美しいショーケースに目移り必至。1年に2回の新作発表のほか、随時新しいお菓子が加わるという。右:古きよきパリを感じさせる優雅な内装(取材後に一部改装)。

手前は栗と抹茶を組み合わせた「フジ」。奥の「ディシ」は、アルザス地方のお菓子であるフォレ・ノワールをアレンジ。

Où trouver?

map C
226, rue de Rivoli Paris 75001
☎01・42・60・82・00 ⓂTUILERIES
営8時~19時(月~金) 9時~19時(土、日)
無休 カード:Ⓐ、Ⓙ、Ⓜ、Ⓥ
www.groupe-bertrand.com/angelina.php

感じられる。モダンな感性を吹き込むセバスチャンさんは、3代にわたるパティシエ一家で育ち、名だたる名店で修業を積んできた。

「パリを代表する老舗だから、初めは不安だったよ。アトリエはもちろんサービスまで、変えるべきところがたくさんあったからね。でも数年たって、着実に進化しているのを感じる」。その言葉どおり、新作は彩り鮮やかなデザインと、斬新な味のマリアージュが魅力。彼の手腕で着実に世界中にファンが増えている。

「ストーリーのあるお菓子を作りたい」と語る彼。それは、抹茶風味の新しいモンブラン「フジ」や、父へのオマージュ「ディシ」にも現れている。老舗に吹く新しい風。パリを訪れるのがますます楽しみになった。

Hôtel Plaza Athénée Galerie de Gobelins

オテル・プラザ・アテネ ギャラリー・ドゥ・ゴブラン

情熱的なパティシエが作る、芸術品のようなスイーツ。

　高級メゾンが立ち並ぶモンテーニュ通りで、ひときわ華やかな存在感を放つプラザ・アテネ。1911年創業のこのホテルには、カリスマ、アラン・デュカスと並んで、世界中のグルマンが注目するシェフがいる。シェフ・パティシエのクリストフ・ミシャラクさんだ。

　中庭に面する回廊に設けられたシックな雰囲気。美しいハープの音色が響く中、彼のスイーツがワゴンで運ばれてくる。真っ赤に咲き誇るバラのようなお菓子、クマのマジパンがハグするフィナンシェ。どれもが芸術品のように美しく、格調高いホテルにふさわしい洗練された味わい。

左：ワゴンのデザート「Home-made Parisien Patis serie」は、ひとつ16ユーロ。焼き菓子はふたつで16ユーロ。右：「アラン・デュカス」を除くホテル内の全パティスリーも手がけるクリストフさん。

Où trouver?

map D
25, avenue Montaigne
75008 Paris
☎01・53・67・66・00
Ⓜ ALMA MARCEAU
営7時〜翌1時30分
（ティータイム15時〜19時）　無休
カード：Ⓐ、Ⓓ、Ⓙ、Ⓜ、Ⓥ
www.plaza-athenee-paris.fr

左下：デザートをのせたワゴンが、優雅なティータイムの始まりの合図。
右：自信作「Power Flower」。フィナンシェにイチゴのババロアとクリーム、ライチ味の生クリームをあしらった、繊細な口どけ。

「控えめ、エレガント、効果的」。自らのお菓子をそう表するクリストフさんは、パティシエというより、スポーツ選手のようなはつらつとした印象。フォション、ピエール・エルメなどを経て、2000年7月に現職に就任した。2005年には世界洋菓子コンクールで優勝した実力派だ。
「エゴイストだから自分が食べたいものしか作らない。お菓子を食べてもらうのは、私自身を知ってもらうのと同じこと。優れたクチュリエの服がひとめ見てそれとわかるように、スタイルのある力強いお菓子を作りたいんだ」

Des Gâteaux & du Pain
デ・ガトー・エ・デュ・パン

伝統菓子も軽やかに、女性ならではの感性が光る。

上：店名のとおり、お菓子とパンのお店。パンはパン職人のグランジェ氏が作る。お店の中央には、パンとヴィエノワズリー、焼き菓子などが並ぶ。下：オーナー・パティシエのクレールさん。

友人がデザインしたというパッケージにはお菓子とパンのイラスト。

　15区、パストゥール駅の近くに自らの"お城"を構えるのは、実力派女性パティシエとして注目を集めるクレール・ダモンさん。両親の反対を押し切って料理の道へ入り、ピエール・エルメとの出会いを機にお菓子の世界に専念。そして、2006年の大晦日、「デ・ガトー・エ・デュ・パン」をオープン。黒を基調に、落ち着いたオレンジを配した店内では、間接照明がお菓子やパンを最高においしそうに照らしている。「お客さんが店員と同じ

目線で自由に選べるように、お店の真ん中にショーケースを置いて、壁には本棚に本を並べるように商品を並べたかった」と語るクレールさん。

　80㎡もの広々とした店内に、もうひとつスペシャル感を与えているのが、左手奥のお菓子のショーケースだ。どこか秘密めいたセンシュアルなムードを漂わせ、まるでブドワールのよう。

「私は男性のようにデコレーションにはこらない（笑）。外からじゃなく味で勝負しなくっちゃ。砂糖や脂肪分を控えめにして、軽く仕上げているわ」とクレールさん。特にサントノレは季節ごとにフレーバーを変えている人気商品。イチゴとスミレ、オレンジの花の水とチョコレート、サクランボとピスタチオ。華やかな味のハーモニーが魅惑的だ。

　体力勝負の仕事、女性であることの難しさをクレールさんに聞くと、「ないわ、いまはどんな仕事も一緒でしょ？」。たくましい！

左：季節を感じさせるスイーツ。人気は奥のピスタチオとサクランボのサントノレ「Le Saint-Honoré Pistache Griotte」5ユーロ、手前のフランボワーズ風味のチーズケーキ「Le Cheese-Cake Framboise」5.20ユーロ。右：内装は、ピエール・マルコリーニの店舗も手がけたヤン・ペノーズ。

Où trouver?

map P
63, boulevard Pasteur
75015 Paris
☎ 01・45・38・94・16
Ⓜ PASTEUR 営8時～20時 休火、1/1、8月
カード：Ⓜ、Ⓥ
www.desgateauxdupain.com

Ladurée Royale
ラデュレ・ロワイヤル店

パリの観光名所!スイーツを前に優雅な時間を。

　おいしいのはもちろん、目にも美しいラデュレ。若き実業家ダヴィッド・オルデーがオーナーとなってから、150年近い歴史を持つ老舗はとてもモードなスイーツのメゾンとなった。2006年にソフィア・コッポラが映画『マリー・アントワネット』でラデュレのパステルカラーの愛らしいマカロンやお菓子を準主役のように登場させて以来、その人気は上昇するばかり。
　オペラ・ガルニエの建築が始まった翌1862年に、地方でパン屋を営んで

左上:マドレーヌ寺院近く、ラデュレ・グリーンが目印。左下:ブティックでの買い物は行列覚悟で。右:鏡とランプの灯りの魔法で、創業当時のサロンにいるような錯覚に。

Où trouver?

map C
16, rue Royale 75008 Paris
☎01・42・60・21・79　Ⓜ CONCORDE
営 8時30分〜19時30分(月〜木)　8時30分〜20時(金,土)　10時〜19時(日,祭)
祭日前夜は〜24時30分　無休
カード:Ⓐ,Ⓓ,Ⓙ,Ⓜ,Ⓥ
www.laduree.com

ラデュレ得意のチャーミングなウインドーディスプレイ。

パリで出会える その他のラデュレ

ラデュレ・シャンゼリゼ店　map D
75, avenue des Champs Elysées 75008 Paris ☎01・40・75・08・75 ⓂGEORGE V 営ブティック：7時30分～23時（月～金、日）　7時30分～24時（土）　祭日前夜は～24時　レストラン：7時30分～23時30分（月～金）　8時30分～24時30分（土）　8時30分～23時30分（日）　祭日は8時30分～　祭日前夜は～24時30分　バー：9時～23時30分（月～木）　9時～24時30分（金）　10時～24時30分（土）　10時～23時30分（日、祭）　無休

ラデュレ・ボナパルト店　map A
21 rue Bonaparte 75006 Paris ☎01・44・07・64・87 ⓂSAINT GERMAIN DES PRES 営8時30分～19時30分（月～金）　8時30分～20時30分（土）　10時～19時30分（日、祭）　ブティックのみ10時～18時30分　無休

ラデュレ・プランタン店　map C
64, boulevard Haussmann 75009 Paris ☎モード館01・42・82・40・10 メゾン館01・42・82・61・95 ⓂHAVRE CAUMARTIN 営9時35分～20時（月～水、金、土）　9時35分～22時（木）　休日、祭

ラデュレ・ヴェルサイユ宮殿店
Château de Versailles 78000 Versailles ☎01・30・83・04・02 営4月～10月：9時30分～18時　11月～3月：9時30分～17時　休月、ヴェルサイユ宮殿に準ずる

全店とも、カード：Ⓐ、Ⓓ、Ⓙ、Ⓜ、Ⓥ

いたルイ＝エルネスト・ラデュレがこの住所に店を開いたのが、パリ最高のスイーツ・アドレスの始まりだ。本店であるこの店が現在のようなサロン・ド・テとなるのは、チュイルリー宮殿の火事でパン屋のラデュレも延焼した1871年。これをきっかけにお菓子が食べられるカフェ的空間を、というマダム・ラデュレの発案で、女性のためのサロン・ド・テとして新生した。笑顔の客を見下ろす、ぽっちゃりオシリが愛らしい"パティシエ天使"の天井画も、この改装の際に描かれたもの。

　メゾンの代名詞的存在のマカロンが登場するのは、それから80年がたってから。以来、味もパッケージングもパリのスイーツの歴史はラデュレとともに、と言えるすばらしさ。次々と仕掛けてくる甘い誘惑には負けるが勝ち!?

Chocolat
ショコラ
カカオパウダーをまぶしたビタータイプと2種類ある。

Caramel
キャラメル
ゲランドの塩の花を使ったバターキャラメル風味。

Vanille
バニラ
バニラ味の滑らかなクリーム。甘さがほどよい傑作。

Pétales de rose
バラの花びら
ピンクと白の美しい調和。繊細なバラの香りがふわり。

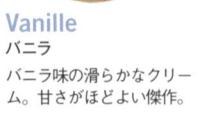

Cédrat
レモンの実
南国の柑橘類から。果汁と果実で自然の恵みを満喫。

Les Macarons

直径4.7センチの小さな宇宙、ラデュレといえばマカロン!

マカロンは本来、ハードでドライタイプのクッキー。いま私たちが知っているクリームをはさんだソフトなマカロンは、ラデュレの創業者の親戚で後継者であるピエール・デフォンテーヌが1950年代に創作したもの。その成功がマカロンの定義を変えてしまったと言える。バニラ、ピスタチオなどの基本に季節の味や新作が加わって、カラフルに店頭を賑わしている(100g8ユーロ、1個約1.50ユーロ見当)。

Fruits Rouges
レッド・フルーツ
グロゼイユとフランボワーズの赤いフルーツを使用。

Citron
レモン
酸味控えめの味はレモネード的。幼少時代を思い出す。

Praliné
プラリネ
ノワゼットのクリーミーなガナッシュがたっぷり。

Café
カフェ
カフェ・フラッペに似た、やさしい甘さのコーヒー味。

Framboise
フランボワーズ
赤い実と種の入ったクリームは果実そのものの印象。

Réglisse (甘草)
レグリス(甘草)
フランスの駄菓子でおなじみの植物の、味と色を再現。

Pistache
ピスタチオ
色は地味だが、子どもたちがいちばん好きなマカロン。

Les Boîtes de collection

かわいさ満点のマカロンの箱は、
コレクターズ・アイテム。

おいしいマカロンの魅力をさらに引き立てるのは、色もデザインもチャーミングな期間限定ボックスだ。デザイナーとのコラボレーション、クリスマスやイースターといった季節のイベントをテーマに、1年間に8種くらい登場する。クラシックボックスは無料だが、これらは有料。次はいつ、どんなボックス？と、見逃せないだけに、ファンの興味は尽きない。

Bouée
浮き輪と貝がビーチに誘う、05年夏のコレクション。

Pop art religieuse
2008年9月。アンディ・ウォーホルへのオマージュ。

Nœud
06年10月。パリコレ時期はリボン模様でモードに。

Mini macarons
04年のクリスマスは、人気のマカロンをシックに。

Accessoires de la mode
07年、母の日用のフェミニンなボックス(8個入り)。

Coccinelle
てんとう虫は、07年4月、幸運のお守りコレクション。

Roi de carreau
04年4月に出たダイヤのキングは12個用の特別版。

Vive la mariée
結婚式用(4個入り)は、イラストもスイートに。

chapitre 1・Pâtisserie Tradition

誰もが恋するマカロンの生まれるアトリエを訪問。

L'Atelier des Macarons

ラデュレの秘密基地？ マカロンを製造するアトリエはオルリー空港の近くにある。白でまとめられた清潔な空間に甘い香りが漂うのは、いわずもがな。店頭に並ぶマカロンは12種の定番を含む16〜17種の味なので、広大な製造場所をイメージしていたら大間違い。じつにコンパクトで機能的なスペースだ。ここではアイスクリームやチョコレートも製造され、3チーム交代制で50名が働いている。さあ、これからシェフ・パティシエのフィリップ・アンドリューさんがマカロン作りの工程を大公開！

1 3000個のマカロンに変身するアーモンド。最高のクオリティ！ とスペイン・バレンシア産を使用している。

2 機械で粉砕する。まったくの粉にするのではなく、少しだけかけらを残す。

3 砂糖と水を110度で煮る。その間に卵白2ℓ（マカロン1000個分）を機械でしっかりと泡だてる。

4 アーモンドの粉末、泡だてた卵白、砂糖、着色材をラデュレでは手で混ぜ合わせる。

5 混ぜ合わせたら空気を抜き、絞り出しの機械にかける。白い色のマカロンから、色ものの順に作業。

6 70個を絞り出した天板32枚をオーブンに入れて焼く。所要時間は20分。温度は……秘密！

7 天板上の焼きあがったマカロンを裏表を逆さにし、天板との境に敷いた油紙をはがす。

8 マカロンの片側に、卵、バター、砂糖を基本に各種の味つけをしたクリームを手作業で詰める。

9 12度に保たれた涼しい作業場。クリームを詰めたマカロンに、もう1枚を手作業でかぶせていく。

11 マカロンがしっとりするように、3〜4度の冷蔵室で寝かす。味によって、24時間か48時間。

10 シェフ・パティシエのフィリップさん。私たちの口福は、彼がいるからこそ！

茶色の保冷箱に詰めて出荷。パリのブティック用に毎日500kgを生産する。

Ça y est!!

Voilà!

Le Gâteau Column 1

プロフェッショナルが語る、パリの新クラシック菓子。

　ここ数年、パリでは伝統菓子が大流行。フィガロ紙水曜版「フィガロ・スコープ」で開催される"伝統菓子コンクール"のクリストフ・フェルデール会長は、その理由をこう語る。「以前はパティシエ本位の複雑なクリエイションが目立ちましたが、実際、食べる人は昔懐かしい伝統菓子に手が伸びる。そこでパティシエたちは伝統菓子を見直し、フレーバーや見せ方を変え始めたのです」。そんなトレンドを後押ししたのがソフィア・コッポラ監督の映画『マリー・アントワネット』。ラデュレが作った色とりどりのマカロンやルリジューズは世界中を魅了した。「クランブル生地をのせたエクレアや四角いタルトなど、いまやみんなが似たようなお菓子を作るようになりました。でも、同じように作っても各パティシエの個性が現れるのが面白い。大切なのは本質。例えば、レモンタルトならレモンの味。本質を追求するところにスタイルが築きあげられるのだと思います」クリストフさんが、伝統菓子の歴史や現在の傾向を紹介。まずはそのクリエイティブな物語を味わって。

Beau et bon!

Christophe Felder

1966年アルザス地方生まれ。90年24歳の若さでパリ・コンコルド広場の名ホテル、オテル・ド・クリヨンのシェフ・パティシエに抜擢される。14年間務めた後フリーに。02年よりアンリ・シャルパンティエのクリエイティブ・ディレクター。著書も多数。

台にフランボワーズのコンポートを詰め、ヴェルヴェーヌ風味の生クリームの飾り。「Saint-Honoré Pistache Framboise」4.50ユーロ Ⓐ

イチゴ風味のホイップクリームに柚子風味をきかせている。「Saint-Honoré Fraise-Yuzu」5.70ユーロ Ⓑ

Saint-Honoré
クリームでたっぷり飾る、愛しいプリンセスケーキ。

サントノレは菓子職人シブースト氏が19世紀中頃に発案。カスタードに泡立てた卵白を混ぜ合わせたクリームをのせたものが伝統的だが、保存がきかないのでホイップクリームが定番に。ヴァイオレット風味やローズ風味などロマンティックで愛らしいものが流行。

Millefeuille
さっくりとしたパイ生地が身上。

ミルフィーユはパイ生地を重ね、その名のとおり千枚(Mille-Feuille)ほどの層にし、カスタードクリームを挟んだお菓子。パイ生地のさくさく感が身上なので、生地の表面をキャラメル状に焦がしつけ水分をシャットアウトするなど、さまざまな工夫が各パティシエに。注文が入ってから層にするという店も。

上：生地を縦にして、クリームの水分がしみ込まない工夫を。ヴェルヴェーヌ風味カスタードとフランボワーズゼリー入り。「Millefeuille Framboise Verveine」4.50ユーロ Ⓒ 下：バターの香りのパイ生地に抹茶の苦味が合う。「Millefeuille au Matcha」4.60ユーロ Ⓒ

伝統を愛するクリエイター。
Ⓐ アルノー・ラエール
2007年MOF(国家最高職人賞)獲得以来力をつけて、新作を次々発表する注目株。毎日数個しか作らないブルターニュ地方の郷土菓子クイニー・アマンも絶品。

Arnaud Larher map R
53, rue Caulaincourt 75018 Paris
☎ 01・42・57・68・08
Ⓜ LAMARCK CAULAINCOURT
営 10時～19時30分
休 日、月、8月上旬の2～3週間
カード：Ⓙ、Ⓜ、Ⓥ
www.arnaud-larher.com

世界的規模で展開する名店。
Ⓑ ルノートル
ピエール・エルメも修業したことで有名な、20世紀パティスリー界帝王ガストン・ルノートルによる老舗。現在は世界12カ国にも店舗を広げ、フォションと並ぶ大食品店に。

Lenôtre map D
48, avenue Victor Hugo 75116 Paris
☎ 01・45・02・21・21
Ⓜ VICTOR HUGO
営 9時30分～21時 無休
カード：Ⓐ、Ⓓ、Ⓙ、Ⓜ、Ⓥ
www.lenotre.fr

お菓子と和素材の融合美。
Ⓒ サダハル・アオキ・パリ
抹茶や胡麻など和素材を取り入れた上質なミルフィーユやエクレア、さらに研ぎ澄まされたシンプルなパッケージなど、フランス人の根強い人気を得る。

Sadaharu Aoki Paris map A
35, rue de Vaugirard 75006 Paris
☎ 01・45・44・48・90　Ⓜ RENNES
営 9～6月：11時～19時(火～土) 10時～18時(日) 7・8月：11時～18時(火～日)
休 月、1/1、5/1、12/25 ※祭不定休、7・8月は営業時間が異なる場合も カード：Ⓙ、Ⓜ、Ⓥ
www.sadaharuaoki.com

Le Gâteau Column 1

上：ピスタチオ風味のクリームは、フランのような口当たりの王道カスタード。さっくりしたクランブルもいい。「Éclaire Pistache」2.80ユーロ D　下：カスタードにフォンダンショコラを合わせ、フレッシュな味わいに溢れるテクスチャーに。「Éclair au Chocolat」4.50ユーロ E

Éclair
指先でつまむフィンガー菓子のエレガントな進化形。

19世紀初頭の料理人カレームが完成させたエクレア。名前の由来には、稲光（éclair）のようにあっという間に食べられるからなど、さまざまな説がある。グラサージュの代わりにクランブルの生地をのせて焼くのが近年の傾向。味わいも定番チョコレートでもスパイスをきかせたり、マンゴーやイチゴ味などのフルーツ系も。

Tarte au Citron
レモンの酸味が溢れる、究極のフレッシュ感を。

レモンタルトの以前の定番はメレンゲをのせて焼いたもの。口どけのよいメレンゲとレモン汁を入れたバタークリームの相性は抜群だが、メレンゲが水分を吸いフレッシュな口当たりを保てないので、最近はメレンゲを省略する店が多い。ライムなどの柑橘類を隠し味にして、味わいに奥行きを持たせる工夫も。

フランに似た口当たりのクラシッククリームだが、アプリコットジャムをのせ、酸味が引き立つ。「Carré Citron」6ユーロ F

タルト生地にプラリネを敷きつめ、香ばしさと水分がしみこまない工夫を。「Tarte au Citron」4.60ユーロ G

ガレット・デ・ロワの王者。
D ヴァンデルメルシュ

クロワッサンなどパンの種類も豊富で、上質なクラシック菓子も優秀。ガレット・デ・ロワがその代表で、2003年にはパリNo.1に。長く、長い行列ができるほど。

Vandermeersch map N
278, avenue Daumesnil 75012
☎01・43・47・21・66
Ⓜ PORTE DOREE
営7時〜20時
休月、火、1/1、2月中旬〜3月中旬の1週間、7月中旬〜8月中旬の1カ月
カード：Ⓐ、Ⓙ、Ⓜ、Ⓥ

老舗に新風を吹き込む。
E ラ・メゾン・デュ・ショコラ

老舗ショコラティエのシェフに新しくトップパティシエが就任。フランボワーズ入りエクレアなど旬の素材を使ったフレッシュパティスリーも提案。

La Maison du Chocolat map D
225, rue du Faubourg-Saint-Honoré
75008 Paris
☎01・42・27・39・44　Ⓜ TERNES
営10時〜19時30分（月〜土）　10時30分〜13時30分（日）　休8月の日曜
カード：Ⓐ、Ⓓ、Ⓙ、Ⓜ、Ⓥ
www.lamaisonduchocolat.com

モダン可愛いデザインに虜。
F フォション

1886年創業。お茶、ワイン、オイルなど、世界中の高級食材を取り扱う。シェフ・パティシエはクリストフ・アダム。デザインにもこだわった愛らしい見た目が印象的。

Fauchon map C
26, place de la Madeleine 75008 Paris
☎01・47・42・93・73
Ⓜ MADELEINE
営8時〜20時　休日
カード：Ⓐ、Ⓙ、Ⓜ、Ⓥ
www.fauchon.com

Macaron
中に閉じ込めたクリームの千変万化を楽しもう!

マカロンはアーモンド粉入りメレンゲ菓子。1533年フィレンツェのカトリーヌ・ド・メディシスがフランスのアンリ2世に嫁いだとき、連れてきた菓子職人がフランス宮廷に伝えたそう。昔はバタークリームがベースだったが、近年は香りを閉じ込めやすく保存もきくカカオバターがベースになって、さまざまな香りのマカロンが続出。

上左:上から、バタークリームを使用し、ローズの香りが華やかな「Rose」。オリーブオイルとバニラ風味の組み合わせ「Huile d'Olive&Vanille」。グレープフルーツとカンパリ風味のクリーム「Americano Pamplemousse」。各100g 8ユーロ G 上右:ショコラティエの挑戦的なアペリティフマカロン。シェーヴル、エポワース、ポン・レヴェック、ロックフォール、リヴァロ風味。「Macarons au Fromage」6個で7ユーロ H 下:サクランボ入り、ピスタチオクリームの大マカロン「Mosaïc」3.90ユーロ G

Tarte etc......
家庭的で素朴なタルトも侮れない。

パイ生地、サブレ生地など、タルトの敷き込み生地には種類がたくさん。さらに、リンゴタルトなど焼き込むタイプと、空焼きしておいた生地にフレッシュ素材を入れるだけのタイプなど、中身によってもバリエがさまざまだからこそ、クリエイションに個性が光る。

左:マスカルポーネ、ホワイトチョコのガナッシュなど、すべてにバニラの風味を忍ばせて層に。「Tarte Infiniment Vanille」6.20ユーロ G 右:S・リキエルへ捧げたチョコタルト。グランクリュのチョコの香り。「Sonia Rykiel」4.70ユーロ I

誰もが認めるお菓子界の王様。
G ピエール・エルメ
オリーブオイルやビーツをはじめ、抹茶、柚子などの素材を、フレンチパティスリーに取り入れ定着させた、押しも押されもせぬパティスリー界の第一人者。

Pierre Hermé map A
72, rue Bonaparte 75006 Paris
☎01・43・54・47・77
Ⓜ ST SULPICE 営10時~19時(月~金)、10時~19時30分(土)
休1/1、7月下旬~8月下旬の1カ月、12/25 ※祭不定休 カード:A、D、J、M、V
www.pierreherme.com

究極のフィネスを追求する。
H ジャン=ポール・エヴァン
チョコレートはもちろん、MOF受賞パティシエが作り上げる伝統的菓子、タルト・タタンやエクレア、モンブランなど。どれも洗練されたエレガントな味わいで、高評価。

Jean-Paul Hévin map G
23 bis, avenue de la Motte Picquet 75007 Paris ☎01・45・51・77・48
Ⓜ ECOLE MILITAIRE
営10時~19時30分
休日、月、祭(土は営業)、8月
カード:A、D、M、V
www.jphevin.com

確かな味覚が生み出す逸品。
I クリスチャン・コンスタン
産地やカカオ豆にこだわるチョコレート作りで知られるコンスタンは、ボルドーワイン醸造家の生まれと聞いて納得。フレジエなど、小ぶりのパティスリーも美味。

Christian Constant map A
37, rue d'Assas 75006 Paris
☎01・53・63・15・15
Ⓜ RENNES
営9時30分~20時30分 無休
カード:M、V
www.christianconstant.fr

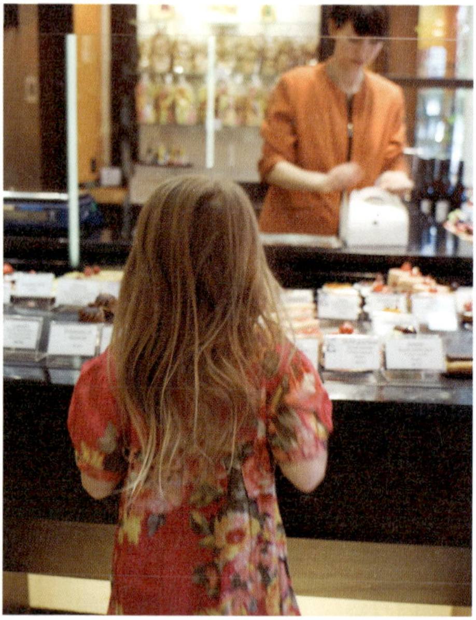

chapitre 2

パリっ子が教えるとっておきの1軒

Mon Gôut Favori

いつもおいしいウワサにアンテナを
めぐらしているパリっ子たち。
彼らのとっておきの甘ーい1軒を、
フィガロだけに教えてくれました。

| 推薦者
フランシス・ミレー & パトリック・ベルトー
「ミレー・エ・ベルトー」デザイナー、クリエイター
1985年に2人でブランド設立。服や小物、香水など詩的な世界観が人気。www.milleretbertaux.com

Pain de Sucre
パン・ドゥ・シュークル

アイデアいっぱい、マレの人気店。

　2004年にオープンした、マレの人気店。ピエール・ガニエールで長年デザートを担当したディディエとナタリーが手がけるお菓子は、食べる前にスポイトでラムを注ぐババや、表面をカラフルに彩ったエクレアなど、ユニークなアイデアがいっぱい。推薦者は、近所にブティックと自宅を持つパトリックとフランシス。「エキゾティックな『Bollywood』は旅に誘われるような味わいだし、果物やハーブをアレンジしたグラスデザートにはカクテルのような驚きが詰まっている」と高評価。

上奥：オレンジの花の水の香りをつけたピスタチオのカリソンはおみやげにも。「Calisson Maison」17ユーロ　上：コリアンダーのクリームとパイナップルのピュレ、カレーとピスタチオ風味のビスキュイを合わせたエキゾティックな味。「Bollywood」5.20ユーロ　下：モダンな店内。

左：サービスのアレクシもガニエールから。右：オレンジと茶がお店のキーカラー。

Où trouver?

map B
14, rue Rambuteau 75003 Paris ☎01・45・74・68・92
Ⓜ RAMBUTEAU　🕘10時〜20時（月、木〜土）　10時〜19時（日）　㊡火、水、祭（土は営業）、1/1、8月の3週間
カード：Ⓜ、Ⓥ　www.patisseriepaindesucre.com

上段、ギモーブ（マシュマロ）人気の火付け役がここ。下段、左奥は10種類揃うグラスデザート「Dessert Glace Maison」各4.20ユーロ。その隣が人気商品ババ「Baobab」5.60ユーロ。

| 推薦者 | エミリー・ピション | 「ル・ムーリス」広報 |

「オテル・ド・クリヨン」「エレーヌ・ダローズ」などの広報を経て、2007年より現職に就く。

Aux Délices des Anges
オ・デリス・デ・ザンジュ

住宅街に佇む、愛らしいパティスリー。

　ル・ムーリスでカミーユ・ルセックのセカンドとして働いていたジョフレー・チュルパンさんが2008年にオープン。「すごく腕が良くて、優しい人柄も好き。小さいお店だけど、伝統を守りつつ、創造性の高いお菓子を作っている」と推薦者のエミリー。おすすめは、アプリコットや桃など毎月フレーバーが替わるルリジューズ。「いつも驚き溢れるフレッシュな味わいで楽しみなの」。製菓学校で出会ったセリーヌさんと二人三脚。価格も良心的で、お店には温かいムードが満ちている。

上奥：季節のタルトも人気。
上：「修道女」を意味するフランスの伝統的なお菓子ルリジューズ。3.60ユーロ　左：通り過ぎてしまいそうな、小さな店構え。右：通り沿いのショーケース。種類は多くはないけれど、ひとつひとつ丁寧に作られている。

パティシエのジョフレーさん(右)とセリーヌさん。ピンクとブラウンを基調とした店内もスイート。

Où trouver?

map O
71, rue de la Tombe Issoire 75014 Paris ☎01・43・21・13・73
Ⓜ ALESIA　営8時〜13時、15時30分〜19時30分(火〜土)　8時〜13時(日、12/25)　休月、1/1、7月下旬〜8月下旬の1カ月　カード：Ⓐ、Ⓜ、Ⓥ

chapitre 2 • Mon Gôut Favori

推薦者
ソフィ・トポルコフ　「マルタン・マルジェラ」コミュニケーション・アートディレクター
カルチャー誌『ランデブ』創刊に携わり、アーティストとしてキールなどとのコラボも実現。

Lecureuil
レクルイユ

フルーツを丸ごとのせたタルトに舌鼓。

上：フランボワーズ果汁で煮た洋梨とピスタチオ風味のアーモンドクリームをのせた絶品タルトは4.50ユーロ。
下：ピーチタルトは4人分16ユーロ。とろけるように焼き上げた桃に桑の実のアクセント。

庶民的な17区の商店街、レヴィ通りの端っこ。グラフィックなデザインを配したモダンなこのお店は、世界各地で修業し、現在は有名お惣菜屋さんに勤めるラルフさんが開いた。近所の人に喜んでもらうことがコンセプトだから、上質な素材を使いつつ、価格は抑えめ。「特に洋梨を丸ごとのせたタルトが大好き。秋にはキャラメルがけした洋梨がのるの！」とソフィ。大切なイベントの時はここにお菓子を特別発注するほど信頼を寄せる。

上：ルリジューズは定番人気。秋はミラベル、ウイスキー風味マログラッセ味が登場。下：コーヒー風味のチョコムースやマカダミアナッツを合わせた甘くてほろ苦い味。「Bombe Capucchino」4.50ユーロ

Où trouver?

map Q
96, rue de Lévis 75017
Paris
☎ 01・42・27・28・27
Ⓜ MALESHERBES
営 9時〜19時
休 日、月、祭、1/1、2月中旬〜3月中旬の1週間、7月下旬〜8月下旬の1カ月、12/25　カード：Ⓥ
www.lecureuil.fr

chapitre 2・Mon Goût Favori　049

| 推薦者 | ミリアム・ブリュグイエレ | 映画関係PR会社「BCG」共同経営者 |

オドレイ・トトゥなど俳優や映画のPR会社を経営。宮崎駿監督作品も扱う。

Jean Millet

ジャン・ミエ

初めてなのに懐かしい、優しい味。

上：6人分の「Tarte Paysanne」28.80ユーロ。下：奥のアトリエから運ばれるフレッシュなお菓子。

フランス菓子界の重鎮、ジャン・ミエ氏が1963年に開いたお店。現在は愛弟子ドゥニさんがその味を守る。66年から通う（!）マダムもいるけれど、推薦者のミリアムだって近所に会社を設立してから12年来のファン。「とろけるようなリンゴと柔らかいクリームがすばらしい」と言うペザンヌは、ソテーしたリンゴとシブーストクリームをのせ、表面をキャラメリゼ。イートインも可能。

ブルジョワな地区で、地元のみんなに愛されている。カトリーヌ・ドヌーヴも訪れるとか！

素朴なお惣菜も人気。奥のマダムがミエ氏の娘のキャロルさん。

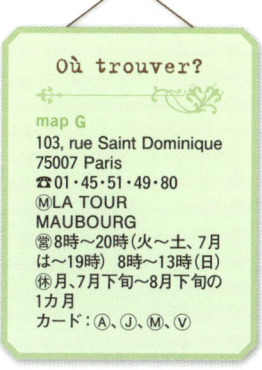

Où trouver?

map G
103, rue Saint Dominique
75007 Paris
☎01・45・51・49・80
Ⓜ LA TOUR MAUBOURG
営 8時～20時（火～土、7月は～19時） 8時～13時（日）
休 月、7月下旬～8月下旬の1カ月
カード：Ⓐ、Ⓙ、Ⓜ、Ⓥ

chapitre 2・Mon Goût Favori　051

推薦者
シャルロット・ルナール　スタイリスト

リヨンの大学でファッションを専攻。モード誌のほか、広告の仕事も多数。

Le Bon Marché la Grande Epicerie

ル・ボン・マルシェ ラ・グラン・デピスリー

モードなヴィジュアル、味もお墨付き!

左:チョコムースやフランボワーズのコンポートが層になったこの店のシンボル的ケーキ。「Le Gâteaux」4.10ユーロ　右:マドレーヌ生地にバタークリームのトッピング。「Cupcake」各3.50ユーロ

エントランスを入った正面。ぐるりと正方形のショーケースに色とりどりのスイーツが並ぶ。

　ここのパティスリーは、製造とヴィジュアルの2チームがやり取りをしながら作り上げる。モード界で活躍し、「お菓子はおいしいことが大切」と言うシャルロットのおメガネにかなったのも納得。「ビキニや靴をかたどったスポンジケーキは、モードなボン・マルシェならでは。ホワイトチョコのムース、レモンとライムのコンポート入りで美味」とシャルロット。

食べるのがおしい！「Eres et Fifi Chachnil」各4.90ユーロ

Où trouver?

map A
38, rue de Sèvres 75007 Paris ☎01・44・39・81・00
Ⓜ SEVRES BABYLONE 営8時30分〜21時
休日、祭　カード：Ⓐ、Ⓓ、Ⓙ、Ⓜ、Ⓥ

chapitre 2・Mon Goût Favori

推薦者
アンドレア・ウェイナー　食専門書店「La Cocotte」オーナー
雑誌のADやスタイリストを経て、食の楽しさに目覚め、専門書店を開く。

Tartes Kluger
タルト・クリュゲール

マレに登場した、話題のタルト専門店。

上：チョコレートタルトはホール15ユーロ。下：ベリーや桃、チーズのタルトが大きなテーブルに並ぶ。

左：ブリュッセルのブロカントで見つけた食器でサーブ。イートインはすべてセット価格で、タルトとドリンクで6ユーロ〜。キッシュも10種揃う。右：レシピや素材の話を載せたフリーペーパーを定期的に配布。

　元弁護士のカトリーヌさんが、タルト好きが高じて2009年にオープンしたタルト専門店。とはいえ、日本の人間国宝にあたるMOFパティシエとともにプロのレシピを家庭用に仕上げているから、味は本格派。常時9種が揃うタルトは、すべてその日の朝に焼いている。推薦してくれたアンドレアも「チョコレートタルトは絶品。タルトの世界に魅了される」とラブコール。

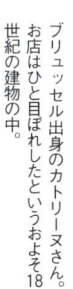

ブリュッセル出身のカトリーヌさん。お店はひと目ぼれしたというおよそ18世紀の建物の中。

Où trouver?

map B
6, rue Forez 75003 Paris
☎01・53・01・53・53
ⓂFILLES DU CALVAIRE　営11時〜20時(火〜土)　11時〜16時(日)　休月、1/1
カード：Ⓥ　www.tarteskluger.com

chapitre 2・Mon Goût Favori　055

推薦者
ファビアンヌ・ロッシ・ドルナノ　PR会社「Tres」共同経営者

「ロベール・ピゲ」などニッチ系香水や高級ホテルを担当。レストランのデザートにも詳しい。

Art Macaron
アール・マカロン

デザートとワインのマリアージュを提案。

　2009年4月に誕生した、デザートとワインのマリアージュに挑戦するサロン・ド・テ。店内は仏人アーティストによる木の彫刻がモダンなムード。ファビアンヌが夢中のマカロンは、オーナー・パティシエ、マチューさんのスペシャリテ。砂糖は控えめに、デリケートなマカロンを毎日作る。「クリームがなめらかで、フレッシュ。スパイシーな味など、ほかにない味わいが見つかるの」

上：マカロンはひとつ1.50ユーロ。手前右が甘さ控えめのミント味「Menthe Fraîche Poivre」、その奥はココナツ味「Noix de Coco」。お茶にもこだわって、ビオ専門「Tea Forte」を。セイロンティー5.50ユーロ　下：通りの看板が目印。

左：パティシエのマチューさん（右）とフィアンセのリディさん。左の棚には、オテル・リッツで働くソムリエの友人がセレクトしたワインが並ぶ。中：チョコや洋梨と相性がいいデザートワイン「Maydie」16ユーロ。右：人気の高いボックスは8個入りで11.50ユーロ。

Où trouver?

map A
129, boulevard du Montparnasse
75006 Paris
☎ 01・43・21・32・49
Ⓜ VAVIN　営 8時〜20時（火〜金）9時〜20時（土）10時〜19時（日）
休 月、1/1、8月の3週間
カード：Ⓜ、Ⓥ

推薦者
ヴィクトール・ディランジェ　「ガリマール出版」児童書広報
教師やジャーナリストなどを経て現職に就く。生まれも育ちもサンルイ島。

Berthillon
ベルティヨン

行列も納得の、フレッシュな味わい。

　1954年創業。本店がある通りは、その看板を掲げるカフェが立ち並ぶ"ベルティヨン通り"。アイスなら牛乳と生クリームと卵、シャーベットは果物と砂糖、シロップだけ。保存料など加えず、いい素材を使って、新鮮なものを提供する。これが人気の秘密。「夏の野イチゴ、冬のマロングラッセなどその季節だけの味わいも楽しみ」とヴィクトール。

上：ビターチョコのシャーベットはカカオがにじみ出るような濃厚な味。下：コーンとゴブレット、紙カップ、すべて価格は同じ。シングル2・20ユーロ〜

観光客の行列を横目に、地元の人は週末にリットル単位でお持ち帰り。

Où trouver?

map H
31, rue Saint-Louis en l'Ile
75004 Paris
☎ 01・43・54・31・61
Ⓜ PONT MARIE　営10時〜20時
休月、火、7月下旬〜8月末
カード不可　www.berthillon.fr

chapitre 2・Mon Goût Favori　057

推薦者
バンジャマン・ミュゼルグ　PR会社「Quartier General」勤務

モードブランドや美容師などのPR会社勤務。食後のデザートは欠かさない。

Le Moulin de la Vierge
ル・ムーラン・ドゥ・ラ・ヴィエルジュ

「トラディショナル」がコンセプト。

　1975年創業のブランジェで、ここは4店舗目。黒が基調の外観に、1900年当時の調度品を配した店内。「味もクラシック。シンプルだけど、クオリティが高くて、価格も手頃」。バンジャマンのお気に入りは、カスタードクリームと生クリームを混ぜたムスリーヌクリームを軽く仕上げたミルフィーユ、そして、ほろっとした食感のマカロンだそう。

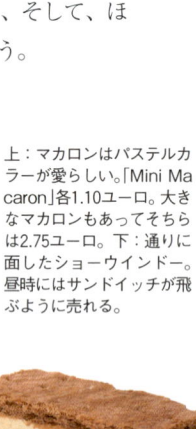

上：マカロンはパステルカラーが愛らしい。「Mini Macaron」各1.10ユーロ。大きなマカロンもあってそちらは2.75ユーロ。下：通りに面したショーウインドー。昼時にはサンドイッチが飛ぶように売れる。

上：自家製のジャムやオーガニックのジュースも並ぶ。中：シンプルで飽きないおいしさのミルフィーユ。2.90ユーロ　下：お店の手前の部屋にはパン、奥にスイーツが並ぶ。

Où trouver?

map G
64, rue Saint Dominique
75007 Paris
☎ 01・47・05・98・50
Ⓜ LA TOUR MAUBOURG
営 7時30分〜20時30分
休 火　カード：Ⓐ, Ⓜ, Ⓥ
www.lemoulindelavierge.com

推薦者
キャロリーヌ・ミニョン　フードジャーナリスト
料理業界週刊紙の連載やビストロガイド多数。tableadecouvert.typepad.fr

Pralus
プラリュ

パリっ子待望のプラリューヌが登場。

リヨン地方ロアンヌ市のショコラティエが、2008年パリに出店。「マダガスカルに農園を持つほどの情熱と、カカオの産地別板チョコセットなどアイデアも抜群。でもいちばんのお目当ては、ブリオッシュにアーモンドとヘーゼルナッツのプラリネを練り込んだプラリューヌ。リッチな生地からプラリネが香ばしく現れるの」とキャロリーヌも虜だ。

上：プラリューヌのレシピは先代が1955年に完成。もちもち、かりかり。300g 6ユーロ。下：5日間もつという特別な包装紙に包まれるから、日本へも持ち帰れる。

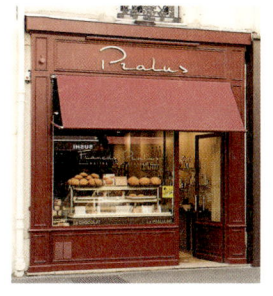

上：カウンター上の山が産地別「Pyramide」シリーズ。ビオのカカオ豆を使ったチョコもある。下：中にヘーゼルナッツとアーモンドのペーストが入ったチョコバー「Barre Infernale Lait」8ユーロ

Où trouver?

map B
35, rue Rambuteau
75004 Paris
☎01・48・04・05・05
Ⓜ RAMBUTEAU
営 10時～13時30分、
15時～20時(火～金)
10時～13時30分、
14時30分～20時(土)
10時30分～13時30分、
14時30分～19時30分(日)
休 月　カード：Ⓜ、Ⓥ
www.chocolats-pralus.com

chapitre 2・Mon Goût Favori　059

推薦者
ヴィクトワール・ドゥ・タイヤック　フリーPRディレクター
ジュエリーのMHT、老舗キャンドルのシールなど担当。現在はモロッコ在住。

Chez Bogato

シェ・ボガト

キュートなサブレに大人も夢中。

　元ADのアナイスさんが、大好きだったお菓子の世界に転向し、2009年にオープン。楽しさ溢れるサブレやケーキは、さっそくモード系パーティやおしゃれママの間で大人気。3児の母、ヴィクトワールもファンのひとり。「サブレやピエスモンテなど、子どもたちや両親の記念日など、特別な時はここに。アイデアが面白いだけでなく、おいしいの」

上：フランボワーズとピスタチオ、ホワイトチョコを合わせた、見た目も味わいも華やかなケーキは5〜60ユーロ。右：「楽しさがモットー」とアナイスさん。

上：看板商品のサブレはさっくり香ばしく美味。3〜5ユーロ
下：キッチンをイメージした店内。奥のアトリエでは子ども向けお菓子教室を開催。

Où trouver?

map O
7, rue Liancourt 75014 Paris
☎01・40・47・03・51
Ⓜ DENFERT ROCHEREAU、MOUTON DUVERNET
営10時〜19時　休日、月、祭、7月下旬〜8月下旬の1カ月　カード：Ⓜ、Ⓥ
www.chezbogato.fr

推薦者
オーレリー・オハヨン　「カルティエ」インターナショナル・プレス・チーフ
産休中も新しい店、新しい味をチェックするほど。自らもケーキ作りを楽しむ。

Berko
ベルコ

ひと口大のカップケーキが人気。

　いまパリを賑わせているカップケーキ。2008年秋に登場したベルコも、NYスタイルの小さなカップケーキやタルトがショーケースにずらり。店長のレジスさんは「マカロンのような味わいを、フランスのおいしいバターを使って作りたかった」と語る。推薦者オーレリーも「ひと口サイズだから罪悪感なくいろんな種類が選べるの」とにっこり。

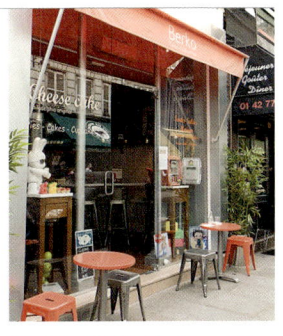

上：通行人が「かわいい！」と声をあげるポップなショーウインドー。下：バー型にしたタルトは食べやすさを考慮して。ひとつ4ユーロ〜。

左：イートインは入り口すぐのカウンターで。週末は大盛況。中：ミニサイズの9個詰め合わせ14.50ユーロ。手前の3つが人気の味。左から、ヌテラ、オレオ、キャラメル。生地はバニラ、チョコ、キャロットの3種。右：ビッグサイズの「Giant Cupcake」は各2.80ユーロ。カラフルなボックスも目を引く。

Où trouver?
map B
23, rue Rambuteau 75004
Paris ☎01・40・29・02・44
Ⓜ RAMBUTEAU
営 11時30分〜20時
休 月　カード：Ⓐ, Ⓜ, Ⓥ
www.cupcakesberko.com

Le Gâteau Column 2

お散歩しながら立ち寄りたい

Chocolatier

口に入れた途端、身も心もとろけるような甘く芳しいチョコレート。今日はどのショコラティエを訪ねましょう?

Carré d'Oranges
オレンジコンフィのチョコレートがけ

スペイン産の風味のよいオレンジを、じっくり時間をかけてコンフィに。それだけでも美味なのに、チョコレートで化粧しておいしさ倍増。苦味と甘みのハーモニー。4枚7.80ユーロ

Mandiant aux Fruits Rouges, Fraise au Chocolat, Cerise au Chocolat
フレッシュフルーツのチョコレート仕立て

イチゴ、サクランボ、カシスやフランボワーズ。チョコレートを施された旬の果物はツヤツヤときらめく宝石のよう。毎朝、シェフ自ら近くの市場で完熟果物を買ってくる。賞味期限はわずか1日! 左の円盤1枚1.3ユーロ、右は1個1ユーロ。

新進気鋭のショコラティエ。
ダヴィッド・リエボー

ミシュラン三ツ星レストランで長年シェフ・パティシエを務めたダヴィッドの信条は"フレッシュ"。いつだって作りたてのおいしさにこだわっている。チョコレート味のマドレーヌやカヌレ、ギモーブなどのお菓子も並ぶ。

David Liébaux map D
30, avenue de Friedland 75008 Paris
☎01・42・27・20・60
ⓂCHARLES DE GAULLE ETOILE
営9時〜19時30分
㈭土、日　カード：Ⓐ、Ⓜ、Ⓥ

062

ショコラティエ＆パン屋さん。

Palet Montmartre
フィリング入り極薄チョコレート

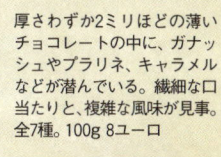

厚さわずか2ミリほどの薄いチョコレートの中に、ガナッシュやプラリネ、キャラメルなどが潜んでいる。繊細な口当たりと、複雑な風味が見事。全7種。100g 8ユーロ

老舗コンフィズリーの実力。
ア・ラ・メール・ドゥ・ファミーユ

創業250年を間近に控えたコンフィズリーの名店は、ショコラティエとしての評判も高く、いつも大賑わい。目移りしそうなほど多彩な商品を、ゆっくり楽しく選びたい。レトロな店の外観やインテリアも、一見の価値あり。

A la Mère de Famille　map K
33-35, rue du Faubourg Montmartre
75009 Paris　☎01・47・70・83・69
ⓂLE PELETIER　営9時30分〜20時(月〜土) 10時〜13時(日)　休1/1
カード：Ⓐ、Ⓜ、Ⓥ
www.lameredefamille.com

Les Folies de l'Ecureuil
ナッツのショコラがけ

アーモンドとヘーゼルナッツをグリル＆キャラメリゼして、チョコレートコーティング。香ばしく、何個でも食べたい飽きのこない味。リスのパッケージもキュート。9.30ユーロ

Tablette aux Fruits Frais
フレッシュフルーツの板チョコレート

土曜日限定のフレッシュフルーツの板チョコは、イチゴ、ブドウなど、季節のフルーツがぎっしり。夕方には売り切れゴメンのヒット商品。ノエル前にはマロングラッセ入りも。9.60ユーロ

ストイックな職人の味に陶酔。
ジャン＝シャルル・ロシュー

ジャン＝シャルルが作るのは、"ショコラ"のみ。チョコレート味の菓子もキャラメルもナシ。ひたすら、チョコレートの味を追求する、生粋の職人だ。その手から生まれる作品は、食べるものの感動を誘ってやまない。

Jean-Charles Rochoux　map A
16, rue d'Assas 75006 Paris
☎01・42・84・29・45
ⓂSAINT-SULPICE
営14時30分〜19時30分(月)
10時30分〜19時30分(火〜土)　休日
カード：Ⓥ　www.jcrochoux.fr

Petits Truffes
プチトリュフ

チョコレートでコーティングをしないプチトリュフは、カカオと生クリームが織り成す、華やかな香りとまろやかな口どけが見事。軽く冷やしていただく。15.50ユーロ

Le Gâteau Column 2

Chocolatier

Piemonte
ヘーゼルナッツ入りのジャンドゥージャ

ピエモンテ産の上質なヘーゼルナッツで作ったジャンドゥージャに、丸ごとヘーゼルナッツをのせて、チョコレートでコーティング。ヘーゼルナッツのおいしさを満喫。100g 9ユーロ

パリ市最優秀ショコラ賞を獲得!
ル・カカオティエ

パリ郊外に本店を構えるル・カカオティエは、2008年のパリ市チョコレートコンクールで見事優勝した名店。チョコレート愛好クラブのガイドブックでも、フランス国内で12軒しかない五ツ星評価を得たこともある実力派だ。

Le Cacaotier map A
44, rue de Vermeuil 75007 Paris
☎09・63・54・15・70 Ⓜ RUE DU BAC
営10時〜14時、15時30分〜19時 休日、月
カード:Ⓜ、Ⓥ　www.lecacaotier.com

Praliné Sésame
ゴマのプラリネ

ヘーゼルナッツのプラリネに、グリルした白ゴマを混ぜ込んで、ミルクかブラックのチョコレートでコーティング(写真はミルクチョコレート)。炒りたてのゴマの香ばしさが身上。100g 9ユーロ

Feuilles Nougatine
ヌガティーヌ入りチョコレート

ヘーゼルナッツの飴がけに細かく砕いたヌガティーヌをちりばめた、ブラックとミルクのチョコレート。カリリとした歯ごたえが小気味よい。日持ちするのでお土産に。100g 6.50ユーロ

Tablette
板チョコレート

香ばしいグリルアーモンドを一粒一粒丁寧に手で並べたものをはじめ、板チョコは全30種。カカオ産地別、カカオ配合率別、オリジナルブレンドなど、どれも逸品。家に常備したい味だ。5〜6ユーロ

人間国宝の作品を味わう。
パトリック・ロジェ

MOFのタイトルを持つパトリックは、芸術家肌。フルーツやスパイスの風味を個性豊かにブレンドした味に、思わずため息。スタンダードな味も秀逸だ。チョコレートのおいしさの本質を堪能できる。

Patrick Roger map A
91, rue de Rennes 75006 Paris
☎01・45・44・66・13 Ⓜ ST SULPICE
営10時30分〜19時30分 休日、月
カード:Ⓜ、Ⓥ　www.patrickroger.com

Gourmand
ドライフルーツ入りチョコレート

レーズン、アプリコット、ジンジャーのコンフィと、ざくざくのアーモンドをミルクとブラックのチョコレートと絡めた、その名も"食いしん坊"。コクのある味にはまる。100g 9.60ユーロ

Viennoiserie

バターや卵を使ったリッチな味わいのヴィエノワズリーは、朝ごはんやおやつの定番。人気パン屋さんの自慢の菓子パンをどうぞ。

Escargot Raisins
レーズンのエスカルゴ

外側はさっくり、中はしっとりしたデニッシュ生地の菓子パン。カスタードクリームの中で引き立つレーズンのほのかな酸味とキャラメリゼされた表面のバランスに脱帽！ 1.25ユーロ

ビオ素材へのこだわり。
ル・ブランジェ・ドゥ・モンジュ

ビオ素材にこだわった、パリを代表する人気店。オープン以来、素材へのこだわりと、従来のレシピを大切にしながら新しいクリエイションを取り入れているのが人気の秘密。看板娘エスカルゴのほか、パン・ビオも人気が高い。

Le Boulanger de Monge
map I
123, rue Monge 75005 Paris
☎ 01・43・37・54・20
Ⓜ CENSIER DAUBENTON
営 7時〜20時30分　休 月
カード：Ⓐ、Ⓜ、Ⓥ
www.leboulangerdemonge.com

Escargot Pistache et ses Eclats de Pistaches
ピスタチオクリームと刻んだピスタチオのエスカルゴ

表面には香ばしいピスタチオ、中にはピスタチオ入りカスタードクリーム。食感の違うピスタチオをふんだんに楽しめる。数種あるエスカルゴ・シリーズでも人気No.1。1.35ユーロ

Pain au Chocolat
チョコレートのクロワッサン

バターの風味豊かなクロワッサン生地にビターチョコをはさんだ、ヴィエノワズリーの代表選手。いつでも焼きたてをという配慮から、1日に何回も焼かれるのがうれしい。1.25ユーロ

左岸の老舗ブランジェ。
ポワラーヌ

サンジェルマン界隈にある1932年創業の老舗有名店。現在では珍しい石窯で焼かれるパンは、国内はもちろん、海外まで届けられているけれど、繊細なパン・オ・ショコラとクロワッサンが買えるのはパリのお店だけ。

Poilâne map A
8, rue du Cherche-Midi 75006 Paris　☎ 01・45・48・42・59
Ⓜ ST SULPICE　営 7時15分〜20時15分　休 日
カード：Ⓐ、Ⓓ、Ⓜ、Ⓥ　www.poilane.com

Viennoiserie

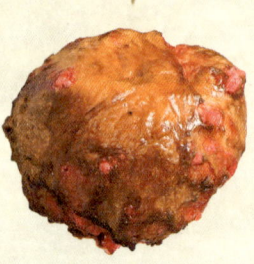

Brioche aux Pralines
プラリネ入りブリオッシュ

リヨン地方の名物、ナッツに赤い糖液を絡めたプラリネを生地に贅沢に練り込んだブリオッシュ。バターの芳醇な香りとカリッと香ばしいプラリネがあとを引くおいしさ。1.30ユーロ

Bichon au Citron
リヨン風レモンクリームパイ

こちらもリヨンの伝統菓子。軽めのパイ生地でレモンクリームを包んだもの。キャラメリゼした表面とパイ生地、酸味が強くコクのあるレモンクリームが絶妙なマッチング。1.60ユーロ

美食の都、リヨンのパン。
ル・ブランジェ・デ・ザンヴァリッド

有名レストラン、ポール・ボキューズにもパンを卸すリヨンの店のパリ支店。素材にこだわったパン作りをしていて、ヴィエノワズリーの種類も豊富。店内には自然光がたっぷり入り、イートインコーナーやテラス席も。

Le Boulanger des Invalides map J
14, avenue de Villars 75007 Paris ☎01・45・51・33・33
Ⓜ️ST FRANÇOIS XAVIER
営7時30分〜20時(月〜金)　8時〜20時(土)
休日、1/1、5/1、12/25　※祭不定休　カード：Ⓐ、Ⓜ、Ⓥ

Croissant aux Amandes
アーモンドクリーム入りクロワッサン

数々の賞に輝いたクロワッサンとガレット・デ・ロワのアーモンドクリームの競演。ラム酒シロップに浸したクロワッサンに、アーモンドクリームをはさんで焼く。しっとりした大人の味。1.60ユーロ

クロワッサンは天下一品！
ブランジュリー・コラン

大きな身体、ぶあつい手のひら。14歳からパン作りに携わるコラン氏のパンは数々のコンクールで受賞し、昼時、夕方には長蛇の列。とろけるような食感のクロワッサン、味わい深いバゲット・トラディションもお試しを。

Boulangerie Coline map E
53, rue Montmartre 75002 Paris
☎01・42・36・02・80
Ⓜ SENTIER　営6時〜20時
㊡土、日、祭、7月または8月、12/24〜12/31
カード：Ⓐ、Ⓜ、Ⓥ

Pain Chocolat Banane
チョコレートとバナナのクロワッサン

半分にスライスした生のバナナ、ブラックチョコをクロワッサン生地で巻いて焼いたもの。火を通したバナナのねっとりした甘みとほろ苦いチョコレートが相性抜群！ 1.90ユーロ

Chausson à la Pomme Fraîche
フレッシュなリンゴのパイ

アップルパイにペーストを使うお店が多いなか、新鮮なリンゴを半分使用。スライスしたリンゴをデニッシュ生地ではさんで焼いた、リンゴの食感とフレッシュな味が見事。1.90ユーロ

伝統のレシピを最高の素材で。
デュ・パン・エ・デ・ジデ

サンマルタン運河すぐ。アパレルから転身したヴァッスール氏が作る伝統的なパンは材料のほとんどがビオで、近所だけでなく遠くからの客も多い。1889年からずっとパン屋という歴史的建造物指定の美しい店構えも必見！

Du Pain et des Idées map B
34, rue Yves Toudic 75010 Paris
☎01・42・40・44・52
Ⓜ JACQUES BONSERGENT
営6時45分〜20時
㊡土、日、祭、7月下旬〜8月下旬の1ヵ月、12/24〜1/2　カード：Ⓜ、Ⓥ
www.dupainetdesidees.com

Niflettes
カスタードクリームのパイ

「もう泣かないで」という名の、イル・ド・フランスのプロヴァンのお菓子。オレンジの花の水で香りをつけたカスタードクリームを、パイ生地にのせて焼いた素朴で優しい味わい。5個で1.75ユーロ

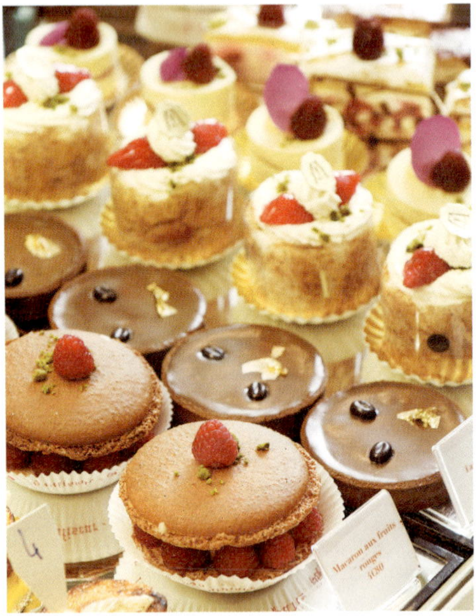
Macaron aux fruits
rouges

chapitre 3

ティータイムにのんびり過ごすサロン・ド・テ

Salon de Thé

人々に愛されるアットホームな空間、
そしてパリのエスプリ溢れるクラシックなサロン。
店のおすすめお菓子とともに、
ゆったりとしたひとときを。

Salon du Panthéon
サロン・デュ・パンテオン

古い映画館の上にある、秘密のサロン。

左:評判の内装の仕掛け人は、カトリーヌ・ドヌーヴ。右:ランチタイムはいつも満席。午後早めの時間が狙い目だ。

左:13時近くになると、焼きたてのいい匂いを漂わせるお菓子が勢ぞろい。右:こぢんまりとした映画館の上に隠れるようにして佇むサロン。

「シネマ・デュ・パンテオン」は、パリ最古の映画館のひとつ。その上階に、2007年秋、サロン・ド・テが誕生。150㎡という広々としたスペースを贅沢に使った、パリジャンの自宅サロンのようなインテリアが魅力的だ。好みのソファを選んだら、さっそくお菓子をチョイスしよう。映画のプレミアムソワレやクチュールメゾンのパーティ御用達の人気惣菜屋を営むアレクサンドラさんが作るお菓子は、彼女のおばあちゃんが教えてくれたシンプルなガトーや、ざっくり焼いたクラフティ。座り心地のよいソファとおいしいお菓子に囲まれて、のんびりとしたティータイムを過ごしたい。

広いサロンスペースの奥は、パティオ風のテラス。木張りの床や植物に囲まれて、プライベートテラスのような雰囲気。俳優のインタビューにもよく使われている。

Gâteau aux Agrumes
柑橘系のケーキ　　6€

オレンジの果汁とピールをたっぷり使ったパウンドケーキ風。ホロホロしつつも果汁のしっとり感が残る素朴な口当たりと、口の中にふわりと広がるバターの香りに、顔がほころぶ。

おすすめのお菓子

Où trouver?

map A
13, rue Victor Cousin
75005 Paris
☎ 01・56・24・88・80
Ⓜ CLUNY LA SORBONNE
営 12時30分〜18時30分
休 土、日　カード：Ⓥ

chapitre 3・Salon de Thé

Loir dans la Théière
ロワール・ダン・ラ・テイエール

アンティークに囲まれて過ごすティータイム。

　週末はウェイティング覚悟の、マレ地区の大人気店。広めの店内には、形も年代も雑多な椅子やソファが無造作に散らばり、映画や展覧会の古いポスターやアンティークオブジェがそこかしこに。大人数でソファを占拠するもよし、ひとり静かに窓際の椅子を選ぶもよし。大きな型で豪快に焼き上げるフルーツタルトをはじめ、濃厚なチョコレートケーキ、クラフティにクランブル。目移り必至のカウンターから、どれかひとつを選ぶのは至難の業だ。何度も通って、すべてのお菓子を制覇したい気にさせられる。

高感度なショップが連なるマレに、30年ほど前から看板を掲げる。

上：平日は7〜8種、週末は10種以上のお菓子が並ぶ。下：旬の果物をカスタード生地で焼きこんだクラフティも店の人気商品。季節ごとに果物は変わる。お菓子とお茶のセットで10ユーロ

おすすめのお菓子

Tarte Citron Meringuée
レモンタルトのメレンゲのせ　　6.50€

創業以来の一番人気がこのレモンタルト。さくさくとしたタルト生地に酸味が際立つとろけるようなレモンクリーム。その上に、口当たりも甘みもごく軽いメレンゲがたっぷり！ 大きさにも味にも感動する。

Où trouver?

map B
3, rue des Rosier 75004 Paris
☎ 01・42・72・90・61　Ⓜ SAINT PAUL
🕘 9時30分〜19時30分　無休　カード：Ⓜ、Ⓥ

chapitre 3・Salon de Thé

Mamie Gâteaux

マミー・ガトー

おばあちゃんの味を、
ほっこりとした空間で。

左：フランス中のブロカントや蚤の市を巡って買い集めたオブジェが店内を飾る。右：おいしい寛ぎの時間を求めて、パリジェンヌが次々と店を訪れる。

おすすめのお菓子

Tarte au Figue & Amande

**イチジクと
アーモンドのタルト**　5€

イチジクとアーモンドをたっぷり使った、しっとりとコクのあるタルト。季節に応じて種類が変わるフルーツタルトは、常時2～3種。アイスクリームを添えていただく常連の真似をして。

　人気ブロカントを経営するマリコさんのサロンのテーマは、おばあちゃんが作るような優しくほっこりしたお菓子。丁寧に焼き上げたタルトやクッキー、パリでは珍しいシュークリーム、パン・ペルデュ（フレンチトースト）などが味わえる。店内のインテリアは、マリコさんがセレクトした古道具が主役。自分の部屋づくりの参考にしたい、素敵なスタイル。甘い香りを放つお菓子とアンティークに囲まれた、午後のひとときを。

茶色と水色で統一したチャーミングな外観。レースのカーテンが街行く人の視線をとらえる。

Où trouver?

map A
66, rue du Cherche-Midi 75006 Paris
☎ 01・42・22・32・15　Ⓜ SEVRES BABYLON
🕐 11時30分～18時　休 日、月、夏に1カ月
カード：Ⓓ, Ⓙ, Ⓜ, Ⓥ　www.mamie-gateaux.com

常時10種類ほどのお菓子は4〜5ユーロとうれしい価格帯。

chapitre 3・Salon de Thé　075

Cupcakerie "Chloé.S"

カップケークリー "クロエズ"

ラヴリーな空間で味わう
キュートなカップケーキ。

上：モード・グラフィックの世界から一転、カップケーキの世界に飛び込んだクロエさん。
下：ピンクでまとめられたスイート＆ラヴリーな空間は、まるでおとぎの国。

小さな頃からデザートのデコレーションをするのが大好きだった、というクロエさん。モード系のグラフィストを経て、2009年にカップケーキの通販をスタート。キュートでファンタジー溢れるデザインのカップケーキは、あっという間に大人気となり、2010年春、ファンの要望に応えて、サロン・ド・テがオープンした。口どけのよい生地に、バタークリームではなく生クリームでふんわり仕上げた軽いテイストのカップケーキは、見た目も味もチャーミング。無農薬素材をたっぷり使い、季節の果物やチョコレート、キャラメルなど、誰もが大好きな味が日替わりで5〜6種類並ぶ。

サロンの奥にあるアトリエを抜けると、小さなテラス。天気のよい日にはここでティータイムを。

おすすめのお菓子

Cupcake sans Sucres
砂糖抜きカップケーキ 4.5 €

砂糖の代わりに竜舌蘭シロップを使っているので、糖尿病の人も楽しめる。日替わりでいろいろな味があり、優しい甘みでいくつでも食べられそう。小麦アレルギーの人用に、グルテン抜きのシリーズも。

Où trouver?

map L
40, rue Jean-Baptiste Pigalle 75009 Paris
☎06・98・76・80・84　Ⓜ PIGALLE, ST GEORGES
🕐10時30分〜19時　休月、火　カード：Ⓜ、Ⓥ
www.cakechloes.com

左:色もデコもうっとりするほどかわいらしいカップケーキがカウンターにずらり。ランチタイムは塩味のカップケーキも楽しめる。テイクアウトも可。右:トレードマークのピンク色の壁が目印。

Le Bar du Bristol
ル・バー・デュ・ブリストル

三ツ星パティシエに会える、優美なパラス。

　メインダイニングが2009年のミシュランで三ツ星に輝いた超高級ホテル。シェフ・パティシエ、ローラン・ジャナンさんの芸術的なお菓子は、このサロン・ド・テ&バースペースでも味わえる。作りたてのおいしさと繊細な盛りつけが見事な皿盛りデザートや、2台のシャリオにエレガントに並べられた、プチパティスリーやパウンドケーキにカヌレやマドレーヌ……。世界中から集まるソーシャライツやお忍びで訪ねてくるジェットセッターたちに混じって、おいしいお菓子をかたわらに、至福の午後を過ごそう。

左：パティスリーやパウンドケーキなどの焼き菓子が美しく並ぶシャリオは、15時〜18時に登場。そのほかの時間は、メニューに載る10種ほどのデザートからチョイス。右上・下：パラスらしい優雅な内装。目いっぱいおしゃれして。

Profiteroles, Glace à la Noix de Coco, Sauce Chocolat

**プロフィトロール、
ココナッツアイスと
チョコレートソース添え**

バニラアイス入りシューにホットチョコレートが定番のお菓子も、三ツ星パティシエの手にかかるとこのとおり。チョコレート味のシューとソースに、さっぱりとしたココナッツアイスの組み合わせが絶妙。

おすすめのお菓子

Où trouver?

map C
112, rue du Faubourg
Saint-Honoré
75008 Paris
☎ 01・53・43・43・00
Ⓜ MIROMESNIL
営 8時15分〜翌2時(月〜金)
10時30分〜翌2時(土、日)
無休
カード：Ⓐ、Ⓓ、Ⓙ、Ⓜ、Ⓥ
www.lebristolparis.com

chapitre 3 • Salon de Thé　079

Thé Cool
テ・クール

名物は、ヘルシーなババロア。

リュクサンブール公園に面してテラスを出す、ピンクを基調にしたラブリーなサロンは、公園散策を楽しむ人たちで賑わう。ちょっと無骨なお菓子たちは、いかにも手作り風で、それが魅力的。大ぶりのポーションにもご機嫌だ。人気のフルーツカクテルジュースとお菓子で、散歩の合間におやつ時間を。

素朴で大きなお菓子。テイクアウトOK。公園へ持っていき、散歩がてら小鳥と一緒に味見も。

おすすめのお菓子

Starlette
ババロア　　　　　　　　　　8€

脂肪分0%のフレッシュチーズをベースにしたババロアが、店の顔。コクがあるのに爽やかな味わいで、ペロリといただける。たっぷり食べても罪悪感に襲われないヘルシーさが、パリの乙女たちのハートをくすぐる？

Où trouver?

map A
13, rue de Médicis
75006 Paris
☎ 01・43・25・21・81
Ⓜ ODEON
営 11時〜19時　無休
カード：Ⓓ、Ⓙ、Ⓜ、Ⓥ
www.thecool.fr

A Priori Thé
ア・プリオリ・テ

美しきパサージュに憩う。

19世紀にできたギャルリー・ヴィヴィエンヌは、パリジェンヌが大好きなパサージュ。タイル張りの美しい回廊にテラスを出すこの店は、そんな彼女たちの休憩スポット。ホロホロさくさく感が絶妙な生地のフルーツタルトや、スコーンのアイスクリーム＆ホットチョコレート仕立てなど、魅力的なお菓子が満載。スタッフの笑顔もチャーミング。

テーブルに並ぶお菓子はハーフサイズでオーダーできるものも。

パサージュなので、雨の日も冬もテラス席が出る。

おすすめのお菓子

Cheesecake à l'Américaine
アメリカ風チーズケーキ　7€

自家製のフランボワーズソースを添えたチーズケーキは、しっとりした口当たりと重すぎないコク。それがソースの酸味と絶妙にマッチしていて、食べ飽きない。

Où trouver?

map E
35-37, Galerie Vivienne 75002 Paris
☎01・42・97・48・75　Ⓜ BOURSE　営9時〜18時(月〜金)
9時〜18時30分(土)　12時〜18時30分(日)　休12/25
カード：Ⓓ、Ⓙ、Ⓜ、Ⓥ(カード利用は15ユーロ以上)

chapitre 3・Salon de Thé

Les Nuits des Thés
レ・ニュイ・デ・テ

7区マダムのお気に入りの味。

　仲良し母娘が紡ぐサロンは、花柄のクロスやアンティーク茶器などを使った優しい空間で、界隈の7区マダムたちが贔屓にしている。お菓子は娘のフロランスさんが担当。レシピ本などをひも解いて、少しずつ自分の味を作っていったフロランスさんのお菓子はどれも、チョコレートやバター、フルーツなど、素材の味をしっかり感じられるものばかり。

7区の小径にたたずむ、以前はブランジュリーだった建物。外壁にはまだBOULANGERIEの文字も残る。

母娘で少しずつ買い集めたアンティーク食器を並べた棚が内装のアクセント。

おすすめのお菓子

Crumbles aux Fruits
フルーツのクランブル　5.90 €

人気のクランブルは、あたたかいお菓子。リンゴ＆フランボワーズ、リンゴ＆ルバーブなど、常時2～3種を用意。ジューシーな果物と、ザクザク感が小気味よいクランブルが溶け合う。

Où trouver?

map A
22, rue de Beaune 75007 Paris　☎01・47・03・92・07
Ⓜ RUE DU BAC　㊝11時～19時　㊡日(不定期)
カード：Ⓥ　www.lesnuitsdesthes.com

La Petite Rose
ラ・プティット・ローズ

洗練された味わいと美しさ。

　ミユキさんは、「ジェラール・ミュロ」などでお菓子作りを学んだ実力派。ヴァローナ社のチョコレートなど厳選した素材が生む味のよさはもちろん、デコレーションの美しさも魅力的。パリのサロン・デュ・ショコラにも出店経験があり、チョコレートの評価も高い。毎日20種ほどが並ぶ繊細なお菓子は、バラを飾ったサロンで味わいたい。

おすすめのお菓子

Valentin
チョコレートケーキ　　　4.40 €

チョコレートのムースとビスキュイにフランボワーズのブリュレを合わせ、最後につややかチョコレートでコーティング。チョコレートの扱いに長けたミユキさんの技術を堪能できる。

左：店名にもある"バラ"色で統一された店内。焼き菓子も隠れた人気商品。　右：8区の品のよい商店街に近い立地。天気がよいときにはテラス席も出る。

Où trouver?

map Q
11, boulevard de Courcelles
75008 Paris
☎ 01・45・22・07・27
Ⓜ VILLIERS　営 10時〜19時30分　休 水、夏に3週間
カード：Ⓜ、Ⓥ

chapitre 3・Salon de Thé　083

Café de la Paix

カフェ・ドゥ・ラ・ペ

ミルフィーユの名店がここ。

　オペラ広場に面した、パリいち有名なカフェ＆レストラン。テラスに座ってカフェの香りをかぎながら、きびきび動くギャルソンやスピーディに歩くパリジャンを眺めれば、ああここはパリだ、としみじみ感じる。店の名物ミルフィーユをはじめ、期間限定のデザイナーによるクリエイションスイーツなどを試してみたい。

おすすめのお菓子

Millefeuille

ミルフィーユ　　　　　　　14€

1862年の創業時から作っている名物。サクっと口当たりの軽いフィタージュに、バニラビーンズたっぷりの、コクのあるバター入りカスタード。王道のおいしさに、思わずブラボー！

天気のよい日のテラスには人がぎっしり。隙間をすり抜けてサービスをするギャルソンも店の魅力。

Où trouver?

map C
5, place de l'Opéra 75009
Paris ☎01・40・07・36・36
Ⓜ OPERA
営7時〜23時30分　無休
カード：Ⓐ、Ⓓ、Ⓙ、Ⓜ、Ⓥ
www.cafedelapaix.fr

1 True Scribe
アン・テ・リュ・スクリブ

書斎風サロンで緑茶のお菓子を。

　オペラ座近くのシックなホテルのサロンは、知る人ぞ知るお菓子スポット。フレッシュで創造性豊かなお菓子を味わえる。なかでも、お茶風味のエクレアやマドレーヌなどが秀逸。緑茶の苦味を、インパクトのある甘いバターやクリームに小気味よく溶け込ませている。夜中までオーダー可能なので、オペラやバレエ鑑賞の後にもぜひ立ち寄りたい。

おすすめのお菓子

Éclair au Thé Fraise
緑茶とイチゴのエクレア　　　　8€

緑茶風味のエクレアは、イチゴなどの果物とアレンジすることも。とろりとしたクリームが、作りたてならではのおいしさ。緑茶シリーズは、フィナンシェ（2つで8ユーロ）などもある。

左：吹き抜けの高い天井が心地いい空間を作っている。螺旋階段をのぼった上階の窓際が、特等席だ。右：書斎風のインテリアで、実際に読書も楽しめる。

Où trouver?
map C
1, rue Scribe 75009 Paris
☎ 01・44・71・24・24
Ⓜ OPERA
営 12時〜20時30分　無休
カード：Ⓐ、Ⓓ、Ⓙ、Ⓜ、Ⓥ

chapitre 3・Salon de Thé

Le Gâteau Column 3

季節限定のスペシャリテ、パリのお菓子歳時記。

　日本で、3月に桜餅を、十五夜に月見団子を食べるように、フランスにも行事や季節にちなんだお菓子がたくさん。1月には普段のお菓子を押し分けて、店のメインウインドーにはガレット・デ・ロワがぎっしり。秋になればイチジクなど旬のフルーツを贅沢に使った鮮やかなお菓子の甘い誘いが……。パティスリーの店頭を見れば、フランスの伝統行事や季節の到来が一目瞭然。その時期にしか巡り合えないお菓子たちだから、見つけた時には、ぜひトライしてみて！

キリスト降誕
ガレット・デ・ロワ

1月 janvier

Galette des Rois aux Amandes
アーモンドのガレット・デ・ロワ　18ユーロ〜
サダハル・アオキ・パリ　▷P39参照

イエス・キリスト降誕のお祝い菓子。
東方三賢者がキリスト誕生を祝福した1月6日に食べるお菓子は、パイ生地にアーモンドクリームのフィリング。プロヴァンス地方ではブリオッシュ生地で作られている。数人で分けて食べるのがお約束。パイの中にフェーヴという小さなオブジェがひとつだけ潜んでいて、それに当たった人はその場の王様。ガレットについてくる紙製の王冠をかぶるのがしきたり。

ヴァレンタイン
チョコレート

2月 février

大切な人に贈りたい甘いハート。
ヴァレンタインには花やチョコレートなどをプレゼント。女性から男性ではなく、相互に、もしくは男性から女性がフランスでは主流。この時期ショコラティエやパティスリーにはハートモチーフが勢ぞろい。バラの香りを忍ばせたガナッシュはレンジで溶かし、この日にだけ焼くマドレーヌやフィナンシェをひたしていただく。

Tu as Fait Fondre Mon Cœur
あなたは私の心を溶かした　27ユーロ
ジャン＝シャルル・ロシュー　▷P63参照

謝肉祭
クレープ

3月 mars

禁欲生活前の小さな贅沢。

2〜3月に訪れる謝肉祭は、復活祭前40日間の禁欲時期に入る前の享楽的な期間。これから訪れる禁欲生活に備え、ドーナツなどの揚げ菓子や卵をたっぷり使うクレープを食べて、体内に脂肪を蓄える、という意味がある。クレープは2月2日、キリスト誕生後40日目に食べる習慣も。この時期だけクレープを焼くというパティスリーもたくさんある。

テレーズ&ミシェル・ブシェー
Thérèse & Michel Beucher
map A
Marché Raspail, 75006 Paris
Ⓜ RENNES　営 9時〜13時
休 月〜土　カード不可

Crêpe
クレープ　1.70ユーロ〜

復活祭
エッグチョコレート

復活祭の主役は、卵型のチョコレート。

移動祝祭日の復活祭は、3〜4月にかけての、ある日曜日。春の訪れを予感させるこの時期は、ショコラティエ、パティスリー、ブランジュリーにも、卵やウサギ、雌鶏など、多産をイメージした形のチョコのオンパレード。クリスマスと並ぶチョコの最大消費時期だ。トップショコラティエ&パティスリーが発表するデザイン性豊かな作品にも要注目。

Oeuf de Pâques
エッグチョコレート
25ユーロ〜（写真は特別オーダー品）
クリスチャン・コンスタン　≫P41参照

4月 avril

エイプリルフール
魚のチョコレート

4月1日に"4月の魚"を。

エイプリルフールはフランス語でポワソン・ダヴリル（4月の魚）。復活祭と前後するこの日は、そういうわけで魚型のチョコレートを食べるのがお決まり。魚のほか、貝殻型のものもチラホラ。写真は、パトリック・ロジェ作のとぼけた目元がキュートな魚。さくさくしたプラリネ・フイユテをチョコレートでコーティング。

Poisson d'Avril
ポワソン・ダヴリル　7〜13ユーロ
パトリック・ロジェ　≫P64参照

Le Gâteau Column 3　　087

イチゴのお菓子

5月 mai
6月 juin

初夏の到来を告げるイチゴ。

日本では春のイメージがあるイチゴだが、フランスでは初夏の到来を告げる果物。フレジエは、日本でのショートケーキのような存在。甘いイチゴをスポンジとクリームで包んだ初夏の定番菓子だ。タルトやミルフィーユなどにもイチゴが登場する。

カレット
Carette　map F
4, place du Trocadéro
75016 Paris
☎01・47・27・98・85
Ⓜ TROCADERO
営7時〜23時　無休
カード：Ⓐ、Ⓜ、Ⓥ
www.carette-paris.com

Fraisier
フレジエ　6ユーロ

ブレ・シュクレ
Blé Sucré　map M
7, rue Antoine Vollon
75012 Paris
☎01・43・40・77・73
Ⓜ LEDRU ROLLIN
営7時〜19時30分(火〜土) 7時〜13時30分(日)
休月、8月　カード：Ⓜ、Ⓥ

Tarte aux Fraises
イチゴのタルト
6ユーロ

Tarte aux Pêches
桃のタルト　2.50ユーロ

桃のお菓子

7月 juillet

夏のお菓子、主役は甘いフルーツ。

ヴァカンス時期のお菓子の主役は、桃やアプリコットなど、太陽の恵みを存分に浴びたフルーツ。生のまま飾るのではなく、フルーツをしっかり焼きこんだタルトにするのが主流。甘酸っぱくジューシーなフルーツと、さくさく甘い生地がベストマッチ。

マルティーヌ・ランベール
Martine Lambert　map G
192, rue de Grenelle 75007 Paris
☎01・45・51・25・30　Ⓜ ECOLE MILITAIRE
営10時〜13時、15時〜20時(月〜金)　10時〜22時(土、日)　不定休　カード：Ⓐ、Ⓜ、Ⓥ

アイスクリーム

8月 août

暑い季節はアイスに舌鼓。

アイスクリーム屋はフランス語で"グラシエ"。パリにはグラシエがたくさん。アイスクリームには上質の卵やクリーム、シャーベットには完熟果物が譲れない素材だ。専門店ならではの、こだわりの冷たい甘味を召し上がれ。

Glace&Sorbet
アイスクリーム&シャーベット
2スクープ 4.70ユーロ

9月 septembre

イチジクのお菓子

秋に食べたい、コクのある果物菓子。

夏の終わりに市場に並び始めるイチジクは、パティスリーの人気素材のひとつ。タルトやコンポート、コンフィチュールなどにアレンジされる万能素材だ。チョコレートなどコクのある味とも好相性。

Tartelette aux Figues Blanches
白イチジクのタルトレット　4.10ユーロ

10月 octobre

オロール・エ・カプシーヌ
Aurore et Capucine　map K
3, rue Rochechouart 75009 Paris
☎01・48・78・16・20　MCADET
営11時30分〜20時(火〜金)　11時30分〜19時30分(土)　休日、月
カード：Ⓙ、Ⓜ、Ⓥ

11月 novembre

モンブラン

栗菓子の定番は、やっぱりコレ！

焼き栗の屋台が登場する頃、パティスリーの花形はモンブラン。名ショコラティエのジャン=ポールは、パティシエとしてもトップクラス。モンブランにもその実力が宿る。メレンゲと生クリーム、そして栗ペーストの絶妙のハーモニー。

Mont Blanc
モンブラン　5.80ユーロ
ジャン=ポール・エヴァン　≫P41参照

12月 décembre

クリスマス
ブッシュ・ド・ノエル、パン・デピス

"クリスマスの薪"とスパイスケーキ。

クリスマスのお菓子といえばブッシュ(薪)。復活祭のチョコ同様、パティシエの腕の見せどころだ。どの店も毎年、新作ブッシュを発表。「ルノートル」では、毎年異なるデザイナーとコラボした芸術品のようなブッシュが売り(写真は2009年のもの)。ハチミツとスパイスを使ったリッチな味のパン・デピスも12月におなじみのお菓子。

Pain d'Epices
パン・デピス　6.85ユーロ
ル・ボン・マルシェ ラ・グラン・デピスリー　≫P52参照

Bûche de Noël Hubert de Givenchy
ブッシュ・ド・ノエル ユベール・ド・ジヴァンシー　115ユーロ
ルノートル　≫P39参照

Le Gâteau Column 3　089

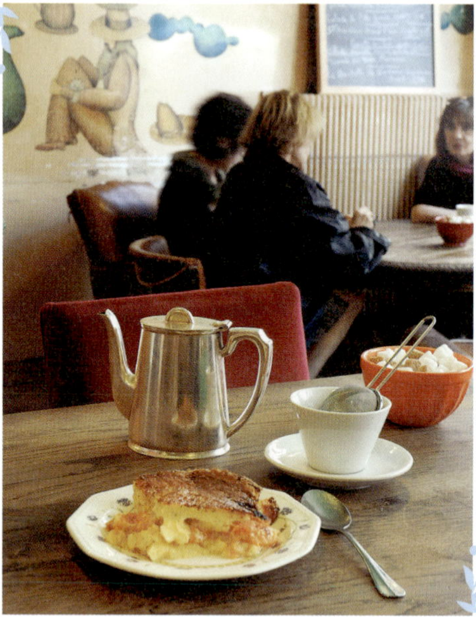

chapitre 4

太陽が育てたお菓子を探してプロヴァンスへ

Provence

気取りのないプロヴァンスのお菓子は
ほっこりとした表情で懐かしい味。
パティスリー、コンフィズリー、サロン・ド・テ。
6軒の店を求めて、南仏へ。

Provence

自然の恵みが詰まった
ママンが作ったようなお菓子。

　太陽に祝福されたプロヴァンス。パリでまだコートが必要な春、アーモンドが白い花をつけてすでにうららか陽気。夏は、ラベンダーやヒマワリの横で、サクランボやイチゴ、アプリコットやメロンなどの果物がたわわに実り、"採れたて果物直販"の看板があちらこちらに。秋には、オリーブの実が太り、ラベンダーやローズマリーの花のできたてハチミツが市場に勢ぞろい。こんな自然の恵みを贅沢に使ったお菓子が、この地方の自慢だ。さまざまな味のハチミツ、完熟果物、味の濃いアーモンドなどから、タルトやクラフティなどのシンプルなパティスリーや、ヌガーやフリュイ・コンフィやカリソンなどのコンフィズリーが作られる。

この土地ならではのお菓子の伝統も魅力的だ。キリスト降誕を祝って食べるガレット・デ・ロワはアーモンドクリーム入りのパイが主流だが、ここのガレットは、オレンジの花の水を忍ばせてフリュイ・コンフィを飾ったブリオッシュ。クリスマスのデザートには、ブッシュ・ド・ノエルでなく、土地の特産品をベースにした13種類ものお菓子をイヴの夜に食べる。
　シンプルな形の中に素材のおいしさが詰まったプロヴァンスのお菓子を探しに、さあ、小さな旅に出かけよう。

Apt
Au Pierrot Blanc
オ・ピエロ・ブラン

おじいちゃんのレシピを忠実に守って。

1945年の創業当時のレシピで作るアーモンドタルト。プロヴァンスの上質なアーモンドがぎっしり。「Tarte aux Amandes」2.50ユーロ（写真は6人分）

左：コロンとしたプチフール。右：フレデリック＆マリ＝クレール夫妻。息子フレデリックも、4代目になるべく修業中。

　フリュイ・コンフィの故郷アプトは、毎週土曜日の町をあげての大規模マルシェでも有名。賑やかな町でおじいちゃんの代からのパティスリーを営むフレデリックさん。見た目は素朴で無骨だが、食べてみるとどこか懐かしい味わいの、誰もが大好きな気取らないお菓子を作っている。特産のラベンダーの香りを移した、ヌガーやマカロン、メレンゲも人気。日持ちするのでお土産にしたい。

自家製のアプリコットやフランボワーズ、ブルーベリーのジャムを挟んだサブレ。ジャムは、甘いサブレに合うように砂糖控えめ。各2・50ユーロ

店は町の中心地に。アイスも得意で、80種以上の味がある。

Où trouver?

map c
36, rue des Marchands 84400 Apt
☎04・90・74・12・48　営7時〜13時、14時30分〜19時30分(4月上旬〜8月、日・祭は午前中のみ)　7時〜12時30分、15時〜19時(9月〜4月上旬、日・祭は午前中のみ)
休月、2月と10月に2週間ずつ　カード：Ⓥ

chapitre 4・Provence　095

Aix-en-Provence
Riederer
リドゥレ

南仏に生まれ育った人間国宝。

　創業は1780年。創業者リドゥレの血を引くフィリップさんは、日本の人間国宝に当たるMOF取得者。高い技術を武器に、創造性豊かなお菓子を次々と発表する。フランスのパティスリー界を代表するひとりであると同時に、あくまでもプロヴァンス人。土地の果物やハチミツを好んで使い、エクスの特産カリソンをアレンジしたお菓子も誕生させた。近くにあるサロン・ド・テでは、皿盛りデザートも味わえる。

町の目抜き通りクール・ミラボーを上りきった場所で、イートインも可。

上から、エクスに生まれたセザンヌのパレットをイメージした、果物、サフラン、カリソン味の「Cézanne」。エクス名物カリソンのクリーム入りアーモンドサブレ。「Tarte Aixoise」。カシス、桑の実、ハチミツ、チョコレートなどを、絶妙にブレンドした「Ventoux」。各3.80ユーロ

Où trouver?

map e
67, cours Mirabeau 13100 Aix-en-Provence ☎04・42・38・19・69
営9時～19時30分 休日 カード：Ⓐ、Ⓓ、Ⓜ、Ⓥ　www.riederer.fr

Valréas
Jef Challier
ジェフ・シャリエ

太陽を浴びた素材に魅せられて。

　プロヴァンス地方最北端の、観光客もまばらな静かな小さな町ヴァルレアス。この地の太陽に惹かれて移住し、以来、日々お菓子作りという幸せを味わっているジェフさん。フランボワーズや桃は近所の農家で仕入れ、ラベンダーハチミツは町で作られたものを使うなど、地域密着型だ。パティスリーのほか、チョコレートやアイスクリームも得意。ヌガーやフリュイ・コンフィもお手製。プロヴァンスの甘い魅力を心ゆくまで味わえる。

左：甘酸っぱさが魅力の、アプリコットタルトは19ユーロ（ミニサイズは1ユーロ）。右：看板商品、桃のスフレ。赤い果肉の桃を、アーモンドとシブーストのクリームに混ぜてサブレにのせる。17ユーロ（ミニサイズは2.90ユーロ）

上：「僕らのお菓子を食べてくれる人と喜びを分かち合いたい」とジェフ＆ベアトリスさん。下：店は街の中心地にある。周囲には、ラベンダー、桃、オリーブ、トリュフなどが育つ。

メロンやサクランボのコンフィを飾ったふっくら軽いブリオッシュは、クリスマス後〜2月の限定商品。「Pogne」23ユーロ

Où trouver?

map a
16, place Aristide Briand 84600 Valréas
☎ 04・90・35・05・22
営 9時〜12時、15時〜19時（火〜土）
10時〜13時（日、祭）
休 月　カード：Ｖ

chapitre 4・Provence

Lourmarin
Le Thé dans l'Encrier
ル・テ・ダン・ランクリエ

お菓子と本を楽しめる、小さな町のキュートなサロン。

左：プロヴァンス関連の本から小説まで、マピーさんが選んだ本がところ狭しと並ぶ。本の購入も可能。右：ブルーベリーや桑の実、フランボワーズなど山の果物を使ったクランブル。「Crumble Fruits Bois」5ユーロ

　ゆるやかにくねる小路に、思わず覗きたくなるショップが立ち並ぶルールマランは、この地方随一の素敵な町、と評判高い。そんな町のひっそりとした一角で、本屋を兼ねた小さなサロン・ド・テを発見。落ち着いた静かな空間でいただくお菓子は、オーナーのマピーさんが、ママや友人から習ったり、本で見つけたレシピをアレンジして作ったもの。プロヴァンスの家庭で作るような、本場のほっこりお菓子を味わえる。

左：丸天井がきれいな内装。右：美しい町並みを眺めながらお茶ができるテラス席もおすすめ。

Où trouver?

map d
3, rue de la Juiverie 84160
Lourmarin ☎04・90・68・88・41
営10時30分〜18時30分
休日、月　カード：Ⓜ、Ⓥ

chapitre 4・Provence　099

Carpentras
Confiserie Nano
コンフィズリー・ナノ

フルーツのおいしさを、砂糖に閉じ込めて。

サクランボ、イチゴ、ラベンダーと、プロヴァンスらしい味のレモネードも作っている。各2.50ユーロ

左：ショーウインドーの商品のディスプレイ中。賑やかな飾り方に南仏気質を感じる。右：小さな町の周囲を巡る外環道路の角地。

カルパントラはイチゴの名産地。小瓶入りのイチゴコンフィは5ユーロ。

Où trouver?
map b
280 allée Jean-Jaurès 84200
Carpentras ☎ 04・90・29・70・39
営 9時～12時30分、14時30分～19時
休 日、月　カード：Ⓜ・Ⓥ

　フリュイ・コンフィは、旬の果物を数カ月間シロップに漬けた保存菓子。起源は古代ローマ人がフルーツをハチミツに漬け込んだもの、と言われていて、18世紀以降、果物が豊富なプロヴァンス地方の特産になった。いまでは工場製が多くなってしまった中、ここでは伝統的な手作りのフリュイ・コンフィを作り続けている。甘さの中に果物の味がしっかり残った、貴重な伝統の味を口にふくんで。

メロン、桃、プラムにイチゴ。さまざまな果物のほか、トマトまでコンフィに！ 最後に砂糖をコーティングするものと、そのままの2種。「Fruits Confits」100g 4.50〜5ユーロ

Carpentras
Confiserie du Mont Ventoux
コンフィズリー・デュ・モン・ヴァントゥ

この町で生まれた銘菓ベルランゴ。

　小さな町ながら、とても活気があるカルパントラ。ベルランゴという飴は、14世紀初頭にこの町で誕生したという伝説があり、18世紀から本格的に作られるようになった、有名な地方銘菓。オリジナルはミント味の赤色だが、いまではさまざまな味と色のバリエーションがある。店の奥にあるアトリエで、毎日手作りされるベルランゴを求める客で、お店はいつも賑やか。

上：大きく作ったベルランゴに棒を付けてシュセットに。各2ユーロ　下：小さなスコップで、好きな味を好きなだけ袋に詰める。定番のミントのほか、イチゴ、オレンジ、アニス、カフェ、メロン、甘草などの味。各100g 1.70ユーロ

Où trouver?

map b
1184, avenue Dwight
Eisenhower 84200 Carpentras
☎ 04・90・63・05・25
営 9時～12時、14時～18時45分
休 日、月、祭(12月は無休)
カード：Ⓐ, Ⓜ, Ⓥ

Pâte de Fruit
フルーツゼリー。いろいろな果物で作るが、マルメロ味が定番だ。

Nougat Noir
卵白を入れない黒ヌガーは、ナッツ類がぎっしり。自家製を作る人も多い。

Nougat Blanc
ハチミツと卵白に、アーモンドやヘーゼルナッツなどを加えた白ヌガー。

Treize Desserts
クリスマスの前夜に食べる、13種のお菓子。

プロヴァンスのイヴの夜に、ブッシュ・ド・ノエルは登場しない。家族そろって、魚料理中心のシンプルな夕食後、ミサに行って戻り、13種類のお菓子を並べたテーブルを囲んでデザート。13種の内訳は、地域や町、家によってもさまざま。写真はメインアイテム。アーモンド、ハシバミ、マルメロのゼリー、ブドウ、冬メロン、甘口ワインなども食卓を飾る。

Fruit Confit
完熟果物をシロップにじっくり漬けるフリュイ・コンフィは、冬に果物を味わえるよう誕生した。

Pompe à Huile
オリーブオイル入りブリオッシュ。12本の線はキリストの12使徒を表現している。

Calisson
エクスの銘菓であるカリソン。メロンのコンフィ入りアーモンドペースト。

chapitre 4・Provence

Cartes de la Provence

お菓子の町へ、いざ出発！

全体図

Access

パリからプロヴァンスの拠点となるアヴィニョン（Avignon）駅まで、TGV直通で約2時間40分。
●ヴァルレアス：アヴィニョン駅近くのターミナルからバスで、オランジュ（Orange）乗り換えで約1時間30分。車だとA7号線でオランジュへ、オランジュからD976、D576号線を乗り継ぎ約70km。約1時間15分。
●カルパントラ：アヴィニョン駅からバスで約1時間。アヴィニョンから車でD942号線を北東へ約30km。約30分。
●アプト：アヴィニョン駅からバスで約1時間30分。車ではD900号線を東へ約55km。約1時間。
●ルールマラン：アヴィニョン駅からバスで、カヴァイヨン（Cavaillon）乗り換えで約1時間30分。車ではN7、D973号線でカヴァイヨンを経由し、カドネ（Cadenet）でD943号線に入る。約65km、約1時間。
●エクス・アン・プロヴァンス：パリ・リヨン駅からTGVで約3時間。TGVの駅から町の中心までは、シャトルバスで約15分。

a. ヴァルレアス

- Eglise Notre-Dame de Nazareth / ナザレ・ノートルダム教会
- pl. Cardinal Maury
- pl. Pie
- cours Victor Hugo
- cours du Berteuil
- rue Grande
- av. Général de Gaulle
- cours Jean Jaurès
- **Jef Challier** / ジェフ・シャリエ ▶P97
- rue Louis Pasteur
- Hôtel de Ville / 市庁舎
- pl. Aristide Briand
- Hôpital Maternité

c. アプト

- rue du Pauier
- rue H. Sarret
- rue de la Juiverie
- rue de Temple
- av. Raoul Dautry
- **Le Thé dans l'Encrier** / ル・テ・ダン・ランクリエ ▶P98
- pl. de l'Ormeau
- pl. de la Fontaine
- rue du Grand Pré

b. カルパントラ

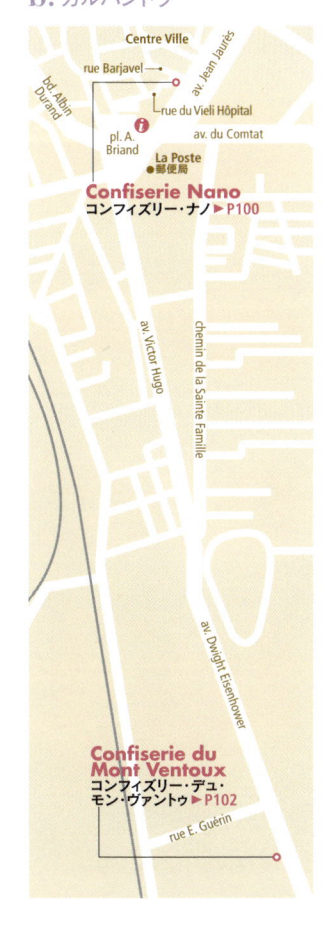

- Centre Ville
- rue Barjavel
- rue du Vieil Hôpital
- pl. A. Briand
- av. du Comtat
- av. Jean Jaurès
- bd. Albin Durand
- La Poste / 郵便局
- **Confiserie Nano** / コンフィズリー・ナノ ▶P100
- av. Victor Hugo
- chemin de la Sainte Famille
- av. Dwight Eisenhower
- **Confiserie du Mont Ventoux** / コンフィズリー・デュ・モン・ヴァントゥ ▶P102
- rue E. Guérin

d. ルールマラン

- Eglise de la Madeleine
- Palais de Justice / 裁判所
- rue Thiers
- Eglise St-Esprit
- av. Nap. Bonaparte
- pl. du Général de Gaulle
- cours Mirabeau
- **Riederer** / リドゥレ ▶P96
- rue Forbin
- rue d'Italie
- rue Frédéric Mistral
- av. des Belges
- bd. du Roi René
- Musée Granet / グラネ美術館

e. エクス・アン・プロヴァンス

- Calavon
- rue du Septier
- **Au Pierrot Blanc** / オ・ピエロ・ブラン ▶P94
- Hôtel de Ville / 市庁舎
- rue des Marchands
- Cathédrale Ste-Anne / サントアンヌ聖堂
- rue de la Barre
- Chapelle Ste-Catherine
- Chapelle des Recollets
- bd. National

特別付録 **Recette** 有名パティスリーが自慢のレシピをこっそり教えます

リンゴの魅力が詰まった、秋のおやつの決定版。

リンゴタルト Tarte aux Pommes

recette de Sucré Cacao
シュクレ・カカオ　P.08

材料　直径18cmのタルト型1台分

タルト生地［薄力粉93g　バター45g　グラニュー糖30g　塩1g　アーモンドパウダー15g　卵1/4個］
アーモンドクリーム［グラニュー糖50g　バター50g　アーモンドパウダー50g　卵1個］
リンゴ小4個(320〜350g)　ナパージュ、粉砂糖適量

作り方

❶タルト生地を作る。薄力粉、冷やしたバター、グラニュー糖、塩を手ですり合わせるように混ぜる。最後にアーモンドパウダーを加え、さらさらとした砂のような状態になるまで混ぜる。

❷中央をあけて卵を入れ、周囲の粉を少しずつくずすようにしながら混ぜ合わせる。全体が混ざったら、手のひらでこねるように2分間ほど混ぜ、ひとまとめにしてラップで包み、冷蔵庫で30分間やすませる。

❸打ち粉(分量外)をふった台に生地を取り出し、めん棒で生地を2mmの厚さにのばす。フォークで空気穴をあけ、裏返して下に型をすべりこませてしきこむ。余分な生地をきりおとし、縁を整える。冷蔵庫で30分間やすませ、150度に温めたオーブンで12分間焼く。

❹アーモンドクリームを作る。グラニュー糖、バターをポマード状に混ぜた後、アーモンドパウダーを入れてへらでよく混ぜ、最後に冷やした卵を入れてかき混ぜる。絞り出し袋に入れ、焼き上げたタルトの中央から外側に渦を描くように絞り出す。

❺リンゴの皮をむき、ナイフで表面の角をとってなめらかに整え、半分に切る。芯をくりぬき、1mmの厚さにスライスする。❹に、リンゴを少しずつずらしながら円を描くように外側から並べていく。

❻160度に温めておいたオーブンで30分間焼く。オーブンに入れて2分後に刷毛で表面に溶かしバター(分量外)を塗り、さらに焼き上がる5分前に溶き卵(分量外)を塗る。

❼焼き上がったら温めたナパージュ(水で溶いたアプリコットジャムで代用可)を表面に塗り、周囲に粉砂糖をふりかける。

飴がけしたシュー生地とクリームのハーモニー。

サントノレ　Saint-Honoré

材料　直径9cmの台12個分

パイ生地[**A**（牛乳160cc　塩6g　薄力粉310g）　バター190g]　シュー生地[**B**（水125cc　牛乳125cc
バター110g　塩5g）　薄力粉182g　卵7個]　ホイップクリーム[生クリーム（脂肪分34%）550cc
バニラビーンズ1本　グラニュー糖50g]　**C**（水35cc　グラニュー糖200g　レモン汁10cc）

作り方

❶パイ生地を作る。ボウルに**A**を入れて2分間ほど混ぜる。❷めん棒で❶を24cm四方にのばし、12cm四方に形を整えたバターを、角が90度ずれるように生地の中央におく。バターを包むように生地を折り込み、ラップに包んで冷蔵庫で30分間やすませる。❸打ち粉（分量外）をふった台に生地を取り出し、40×20cmにのばす。短い辺同士を合わせるように折り、さらに内側に半分に折って4つ折りにする。生地を90度回転させて、同様にのばして4つ折りにする。ラップに包んで冷蔵庫で30分間やすませる。❹❸の作業を繰り返す。❺打ち粉（分量外）をふった台に生地を取り出し、1mmの厚さにのばす。フォークで空気穴をあけ、裏返して直径9cmの型でくりぬく。❻シュー生地を作る。鍋に**B**を入れて火にかけ、温める。❼沸騰する直前に火からおろし、薄力粉を入れてへらでかき混ぜる。❽生地がかわいてきたらバットに移し、溶いておいた卵を少しずつ混ぜてなめらかな生地にする。❾8mmの口金をつけた絞り出し袋に入れ、❺のパイ生地の縁と、中央に直径2cm大に絞り出す。飾り用シューを別に天板に直径2cm大に48個絞り出す。❿180度に温めておいたオーブンで、飾り用シューは18分間、パイ生地は24分間焼いて、冷ます。⓫ホイップクリームを作る。バニラビーンズの種とさやを生クリームに入れて冷蔵庫で2時間冷やした後、さやを取り出し、生クリームにグラニュー糖を加えて泡立てる。絞り出し袋に移し、❿の飾り用シューの裏に小さな穴をあけて詰める。⓬キャラメルを作る。鍋に**C**を入れ、キャラメル色になるまで煮詰める。飾り用シューの表面と底にキャラメルをつけ、パイの台の縁に均等に3つ飾る。⓭ホイップクリームを山形に絞り出し、頂上に飾り用シューを飾る。

焼きプリンみたい、卵の優しい味わい。

フラン Flan

材料　　直径8cmのタルト型6個分

タルト生地［**A**（薄力粉150g　コーンスターチ10g　グラニュー糖10g　塩3g）　バター80g　牛乳10cc　卵1/2個］
フラン生地［牛乳400cc　バニラビーンズ1/2本　グラニュー糖50g　薄力粉41g　卵1個　卵黄2個分　バター20g］

作り方

❶タルト生地を作る。**A**と冷やしたバターを手ですり合わせるようにし、さらさらとした砂のような状態になるまで混ぜる。❷中央をあけて牛乳、卵を入れ、周囲の粉をくずしながら混ぜ合わせる。❸全体が混ざったら、手のひらでこねるように2分間ほど混ぜ、ひとまとめにして冷蔵庫で30分間やすませる。❹打ち粉（分量外）をふった台に生地を取り出し、めん棒で1mmの厚さにのばす。フォークで空気穴をあけ、裏返して直径12cmの円形にくりぬく。直径8cmのタルト型の内側にしきこみ、余分な生地をきりおとし、縁を整える。❺150度に温めておいたオーブンで6〜7分間焼く。❻フラン生地を作る。前日にバニラビーンズの種とさやを入れて香りをつけておいた牛乳から、さやを取り出し、鍋に牛乳をグラニュー糖半量とともに入れて温める。❼ボウルに残りのグラニュー糖と薄力粉を入れて混ぜ、卵、卵黄を加えて混ぜる。❽温めた牛乳を❼のボウルに加えて混ぜ、鍋に戻す。かき混ぜながら2分間ほど火にかけ、もったりしてきたらバターを加えて混ぜ合わせる。❾❺の縁まで流し入れ、175度に温めておいたオーブンで20〜24分間焼く。

さくっと軽いパイ生地に、リッチなクリームを閉じ込めて。
ピュイ・ダムール Puits d'Amour

recette de Stohrer ストレール　P.12

材料 　直径5.5cm×高さ3cmのセルクル型10個分

パイ生地［**A**（薄力粉75g　強力粉50g　塩1.5g　水50cc　ホワイトビネガー大さじ1/2）　溶かしバター19g　バター100g］　カスタードクリーム［薄力粉30g　コーンスターチ40g　グラニュー糖180g　卵黄6個分　牛乳500cc　バニラビーンズ1本］　グラニュー糖適量

作り方

❶パイ生地を作る。ボウルに**A**を入れ、手のひらでこねる。❷溶かしバターを加えて手早くひとまとめにし、ラップに包んで冷蔵庫で1時間やすませる。❸打ち粉（分量外）をふった台に生地を取り出し、十字の切り込みを入れ、めん棒で四方にのばす。正方形に形を整え、生地と同じ温度に冷やしておいたバターを中央におく。バターを包むように生地を折り込む。❹長さが幅の3倍になるよう生地をのばしておき、3つ折りにする。ラップに包んで冷蔵庫で1時間やすませる。❺❹の作業を6回繰り返す。

❻打ち粉（分量外）をふった台に❺の生地を取り出し、2mmの厚さにのばす。フォークで全体に空気穴をあけ、直径10cmの円形にくりぬく。

❼外側にバター（分量外）を塗った直径5.5cm×高さ3cmのセルクル型を生地で覆い、ひと回り大きなセルクル型をかぶせる（型がふたつなければセルクル型の内側にしきこむ）、余分な生地をきりおとし、縁を整える。190度に温めておいたオーブンで20分間焼き、型から外してあら熱をとる。

❽カスタードクリームを作る。薄力粉、コーンスターチ、グラニュー糖半量をよく混ぜる。卵黄を溶いたボウルに少しずつ加えて手早くかき混ぜ、ダマのないクリーム状にする。

❾鍋に牛乳、残りのグラニュー糖、バニラビーンズの種とさやを入れ、火にかける。牛乳が沸騰する直前にさやを取り出す。沸騰した牛乳の1/3を❽に加え、手早く溶きのばす。

❿❾を鍋に戻し、絶えずかき混ぜながら沸騰させ、なめらかなクリーム状にする。バットに移し、ラップをかけて冷蔵庫で冷やす。

⓫❼に❿を詰め、表面を山形にならす。

⓬グラニュー糖を表面にふりかけ、焼きごてでキャラメル状に焦がす。この作業を2回繰り返す。

フランボワーズの酸味とカスタードの甘みがマッチ。
フランボワーズのタルト Tarte aux Framboises

材料
直径24cmのタルト型1台分

タルト生地［バター70g　粉砂糖50g　A（薄力粉120g　アーモンドパウダー10g　塩1g　卵1/2個）］
カスタードクリーム［薄力粉15g　コーンスターチ20g　グラニュー糖90g　卵黄3個分　牛乳250cc　バニラビーンズ1/2本］　B（生クリーム500cc　グラニュー糖30g　バニラビーンズ1/4本）
フランボワーズ200g　粉砂糖、ブルーベリー、桑の実、赤すぐり、ホオズキ適量

作り方

❶タルト生地を作る。ボウルでバター、粉砂糖を白っぽくなるまでクリーム状にすり混ぜる。❷Aを入れてさっくり混ぜ、ひとまとめにして平らにのばし、ラップに包んで冷蔵庫で1時間やすませる。❸打ち粉（分量外）をふった台に生地を取り出し、めん棒で9mmの厚さにのばす。フォークで空気穴をあけ、内側にバター（分量外）を塗った直径24cmのタルト型にしきこむ。余分な生地をきりおとし、縁を整える。❹160度に温めておいたオーブンで15分間焼く。あら熱をとる。❺ボウルでBを混ぜ合わせホイップクリームを作り、カスタードクリーム（作り方はピュイ・ダムール参照）となめらかに混ぜ合わせる。❻絞り出し袋に入れ、❹に中央から外側に渦を描くように絞り出す。❼フランボワーズを外側から内側にきれいに並べる。周囲に粉砂糖をふりかけ、飾り用のフルーツを飾る。

recette de Stohrer

レーズンとラムが芳醇に香る、大人の味わい。

アリババ Ali-Baba

材料
[直径5.5cm×高さ3cmのセルクル型8個分]

サヴァラン生地［生イースト14g　水32cc　塩5g　グラニュー糖8g　薄力粉125g　強力粉63g　卵2個　溶かしバター45g］　**シロップ**［水125g　グラニュー糖170g　ラム酒40cc］　**カスタードクリーム**［薄力粉15g　コーンスターチ20g　グラニュー糖90g　卵黄3個分　牛乳250cc　バニラビーンズ1/2本］　レーズン160g　ラム酒80cc　ナパージュ適量

作り方

❶ サヴァラン生地を作る。ボウルに生イーストを入れて水で溶き、塩、グラニュー糖を加えて混ぜる。❷ 大きめのボウルに移し、薄力粉、強力粉、溶いた卵半量を加え、混ぜ合わせる。❸ 残りの溶き卵を少しずつ加え、ある程度まとまったら、ボウルにたたきつけるようにして手でこねる。❹ 生地に粘りが出てきたら、溶かしバターを少しずつ加える。❺ さらに生地をボウルにたたきつけながら、バターが均一に混ざるようこねる。❻ 内側にバター（分量外）を塗った直径5.5cm×高さ3cmのセルクル型に、8等分した生地を詰め、型の3/4の高さになるまで室温で発酵させる。❼ 天板に並べ、膨らまないように上にも天板をかぶせて、180度に温めておいたオーブンで、全体が黄金色になるまで15分間焼く。❽ シロップを作る。鍋に水とグラニュー糖を入れ沸騰させ、40〜45度に冷ましてラム酒を加える。❾ 冷ました❼を全体がつかるようにシロップにひたす。❿ 30分後にすくいあげ、網の上にのせて余分なシロップをきる。ナイフで直径4cm、深さ2cm表面をくりぬく。⓫ 前日にお湯で戻して冷まし、水気をとってラム酒に漬けておいたレーズンを、カスタードクリーム（作り方はピュイ・ダムール参照）に加えて混ぜる。⓬ ⓾にたっぷり山形に詰め、くりぬいた生地の上の部分だけ切ったものをかぶせる。生地の表面に温めたナパージュを塗る。（ナパージュがなければ、アプリコットジャムに水を10%加えて温め、こしたものでも代用できる。）

甘酸っぱいレモンクリームの軽い仕上がりに舌鼓。

レモンタルト Tarte Citron

材料　直径8cmのタルト型6個分

レモンクリーム[卵3個　グラニュー糖180g　レモン汁120g　レモンの皮のすりおろし2個分　バター225g]
タルト生地[A(薄力粉150g　塩0.2g　粉砂糖57g　アーモンドパウダー18g)　バター90g　卵1個　バニラエッセンス0.1g]　レモンの皮のコンフィ、ナパージュ適量

作り方

❶レモンクリームを作る。ボウルに卵、グラニュー糖半量を入れ、白っぽくなるまでよくかき混ぜる。❷残りのグラニュー糖、レモン汁、レモンの皮のすりおろしを鍋に入れて強火にかけ、沸騰させる。❸❷に❶を加え、5分間中火にかける。❹鍋を火からおろし、細かく切ったバターを加え、よくかき混ぜる。バットに移し、ラップをかけて冷蔵庫で半日やすませる。❺タルト生地を作る。Aを台の上におき、小さくきったバターを中央に入れる。手のひらですり合わせるようにし、さらさらとした砂のような状態になるまで混ぜる。❻卵、バニラエッセンスを加えて混ぜ、全体をなじませる。ラップをかけて冷蔵庫で1時間やすませる。❼打ち粉(分量外)をふった台に生地を取り出し、めん棒で2.5mmの厚さにのばす。直径12cmの円形にくりぬく。❽直径8cmのタルト型の内側にバター(分量外)を塗り、❼の生地をしきこんでフォークで空気穴をあける。余分な生地をきりおとし、160度に温めておいたオーブンで約15分間焼く。❾タルト生地にレモンクリームを詰め、表面を山形にならす。❿ナパージュを表面に塗り(なければ省略)、仕上げにレモンの皮のコンフィを飾る。

recette de **Carl Marletti** カール・マルレッティ　P.16

さくさくのパイ生地にふんわりクリーム。
バニラ風味のミルフィーユ Millefeuilles à la Vanille

材料　5×9cmのミルフィーユ8個分

パイ生地[**A**(薄力粉85g　強力粉85g　塩3g)　溶かしバター38g　水68cc　バター100g]
カスタードクリーム[薄力粉12g　コーンスターチ12g　グラニュー糖50g　卵黄2個分　牛乳200cc　バニラビーンズ1本]
バタークリーム[グラニュー糖100g　卵黄2個分　バター200g]　粉砂糖適量

作り方

❶パイ生地を作る。**A**を台の上において中央をあける。❷中央に80度に温めた溶かしバターを流し入れ、周囲の粉を少しずつくずしながら、全体を混ぜる。❸水を少しずつ加えながら、全体が均一になるまでこねる。ラップに包んで、冷蔵庫で2時間やすませる。❹打ち粉(分量外)をふった台に生地を取り出し、丸くのばす。10cm四方の正方形に形を整えたバターを中央におき、包むように生地を折り込む。ラップに包んで、冷蔵庫で1時間やすませる。めん棒で生地を厚さ1cm、長さが幅の3倍になるまでのばし、3つ折りにする。生地を90度回転させ同じ作業を繰り返す。冷蔵庫で2時間やすませる。❺❺の作業をさらに2回繰り返す。❼生地を厚さ2mm、30×40cmの大きさにのばし、オーブンペーパーをしいた天板におく。膨らみすぎないようにオーブンペーパー、天板をのせて、180度に温めておいたオーブンで40分焼く。❽焼き上がったら生地を取り出し、あら熱を冷ましてから、用意しておいた5×9cmの紙を合わせて切り揃える。全体に薄く粉砂糖をふりかけ、230度のオーブンで粉砂糖が溶け表面がキャラメル状に焦げるまで5分ほど焼く。❾カスタードクリームを作る(作り方はピュイ・ダムール参照)。❿バタークリームを作る。グラニュー糖を鍋に入れて火にかけ、キャラメル状に煮詰め、121度になるまで熱する。卵黄を溶いたボウルに流し入れて混ぜ合わせ、あら熱をとる。⓫細かく切ったバターを加え、泡立て器で冷めるまで空気を含ませるようにかき混ぜる。⓬❾のカスタードクリームと混ぜ合わせる。⓭絞り出し袋に移したクリームを❽に絞り、3層に重ねる。

ナッツの香ばしい風味が、表面とクリームからWパンチ。

パリ・ブレスト Paris Brest

材料　直径10cmのもの6個分

シュー生地[**A**（水125cc　牛乳125cc　バター100g　グラニュー糖8g　塩3g）　薄力粉150g　卵5個　ヘーゼルナッツ30g]
カスタードクリーム[卵黄1個分　バニラビーンズ1/2本　グラニュー糖20g　牛乳125cc　コーンスターチ10g]
バター125g　プラリネペースト100g　粉砂糖適量

作り方

❶シュー生地を作る。鍋に**A**を入れて沸騰させ、火からおろす。ふるった薄力粉を加え、力強くかき混ぜる。❷卵を1個ずつ割り入れ、さらにかき混ぜる。バットに移しラップをかけ、冷蔵庫に入れて完全に冷ます。❸直径17mmの口金をつけた絞り出し袋に入れ、オーブンペーパーをしいた天板の上に直径10cmのドーナツ形に絞り出す。❹表面に砕いたヘーゼルナッツを散らし、180度に温めておいたオーブンで25分間焼く。冷めたら水平に半分に切る。❺カスタードクリームを作る。卵黄を溶いたボウルにバニラビーンズの種を加え、あらかじめ混ぜておいたグラニュー糖半量とコーンスターチを少しずつ加え、ダマのないクリーム状にする。❻鍋に牛乳、残りのグラニュー糖を入れ、火にかける。沸騰したら1/3を❺に加え、手早く溶きのばす。❼❻を鍋に戻し、絶えずかき混ぜながら沸騰させ、なめらかなクリーム状にする。バットに移し、ラップをかけて冷蔵庫で冷やす。❽ボウルでバターをポマード状に練ってなめらかにし、プラリネペーストを混ぜる。❾❼を加え、さらに混ぜ合わせる。ラップをかけて冷蔵庫でしっかり冷やす。❿星形の口金をつけた絞り出し袋に入れ、❹の下半分のシューに絞り出す。上半分のシューを重ね、粉砂糖をふりかける。

recette de **Jacques Genin Fondeur en Chocolat**
ジャック・ジュナン フォンダー・アン・ショコラ　P.18

シューもクリームもおいしさ格別、みんなに愛されるクラシック代表。
チョコレートとキャラメルのエクレア
Eclair au Chocolat et Eclair au Caramel

材料　　長さ15cmのもの各6個分

シュー生地[A（水250cc　牛乳250cc　バター200g　グラニュー糖15g　塩5g）　薄力粉300g　卵10個］　チョコレートクリーム［チョコレート（カカオ分60%以上のもの）85g　生クリーム110cc　カスタードクリーム（卵黄2個分　グラニュー糖40g　牛乳250cc　コーンスターチ20g）］　チョコレート・エクレア用グラサージュ［グラニュー糖150g　生クリーム150cc　ブラックチョコレート100g　牛乳100cc］　キャラメルクリーム［グラニュー糖100g　生クリーム50g　牛乳250cc　卵黄2個分　コーンスターチ20g　グラニュー糖40g］　キャラメル・エクレア用グラサージュ［ミルクチョコレート150g　牛乳100cc　生クリーム100cc　グラニュー糖100g］

作り方

❶シュー生地（作り方はパリ・ブレスト参照）を直径17mmの口金をつけた絞り出し袋に入れ、15cmの長さの直線に絞り出す。180度に温めておいたオーブンで25分焼き、冷めたら口金で裏に小さな穴を3つあける。❷チョコレートクリームを作る。ボウルに砕いたチョコレートを入れ、沸騰させた生クリームを流し入れる。少し時間をおいてなじませた後、やさしくかき混ぜる。❸カスタードクリーム（作り方はパリ・ブレスト参照。ただし、バニラビーンズは加えない）を作り、温かいうちに❷を混ぜ合わせる。バットに移し、ラップをかけ冷ます。❹キャラメルクリームを作る。鍋にグラニュー糖を入れ火にかけ、色がつくまで煮溶かす。❺生クリームを少しずつ加え、混ぜ合わせ、鍋を火からおろし冷ます。❻牛乳を入れた別の鍋に❺を加え、沸騰させる。❼卵黄を溶いたボウルにグラニュー糖を加え、よく混ぜる。コーンスターチを入れてさらに混ぜる。❽❻の1/3をボウルに加え、手早く溶きのばす。❾❽を鍋に戻し、絶えずかき混ぜながら沸騰させ、なめらかなクリーム状にする。バットに移し、ラップをかけ冷ます。❿❸と❾のクリームを別の絞り出し袋に入れ、❶の半分ずつに3つの穴から全体に詰まるように絞り出す。⓫チョコレート・エクレア用グラサージュを作る。鍋にグラニュー糖を入れて火にかけ、色がつくまで煮溶かす。生クリームを少しずつ入れ、全体をしっかり混ぜる。⓬ボウルに細かく砕いたチョコレートを入れ、沸騰させた牛乳を流し入れる。少し時間をおいてなじませた後、やさしくかき混ぜる。⓭⓫をボウルに加え、やさしくかき混ぜる。⓮❿のチョコレートクリームを詰めたシュー生地の表面につける。キャラメル・エクレア用グラサージュも同様に作り、残りのシュー生地を仕上げる。

Plan des Pâtisseries

お菓子を巡る
パリの地図

Opéra～Madeleine～Saint-Honoré
オペラ～マドレーヌ～サントノレ

Champs-Elysées
シャンゼリゼ

Trocadéro
トロカデロ

Ecole Militaire～Invalides
エコール・ミリテール～アンヴァリッド

Saint Germain～Luxembourg
サンジェルマン～リュクサンブール

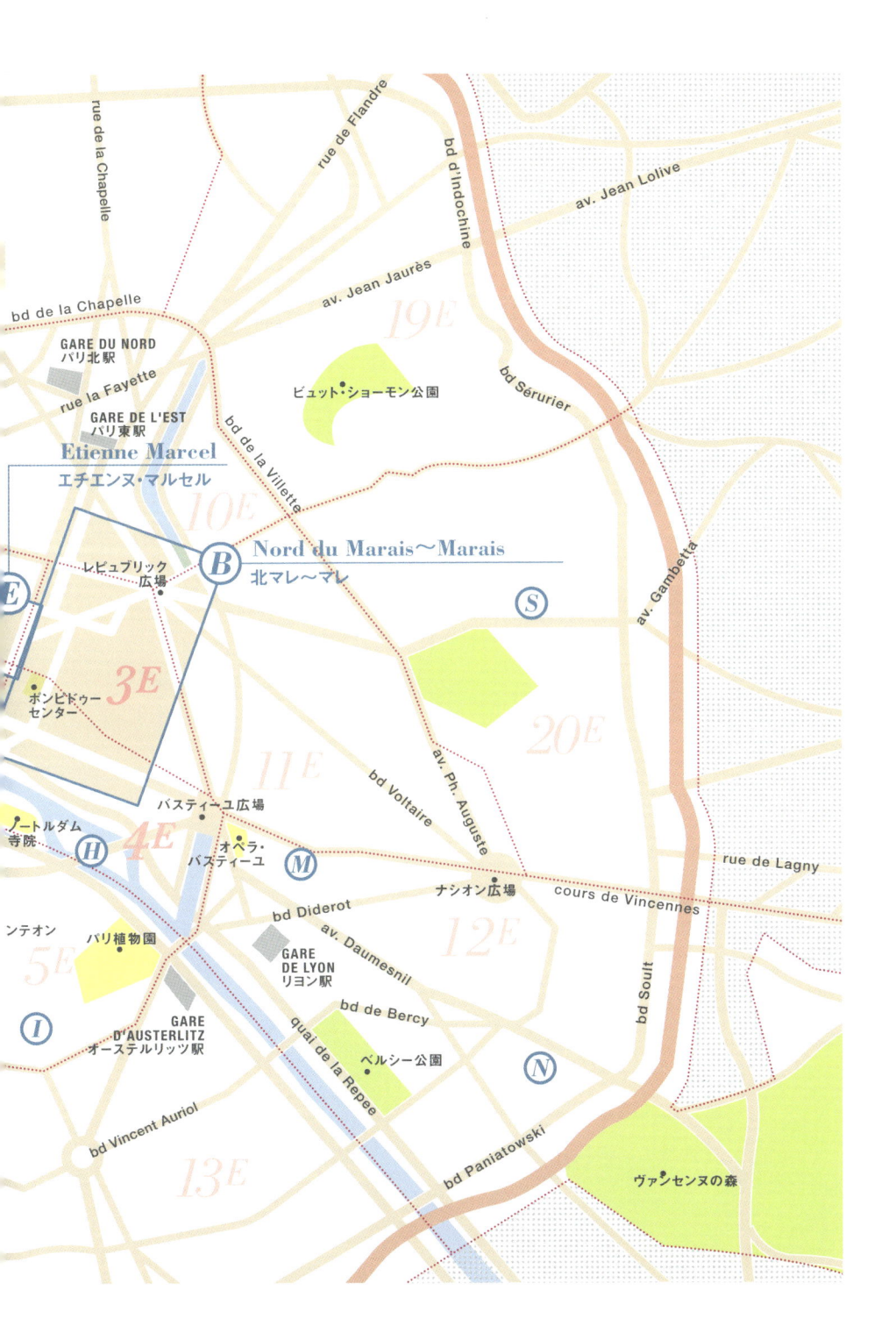

Nord du Marais～Marais
北マレ～マレ

Etienne Marcel
エチエンヌ・マルセル

GARE DU NORD
パリ北駅

GARE DE L'EST
パリ東駅

GARE DE LYON
リヨン駅

GARE D'AUSTERLITZ
オーステルリッツ駅

レピュブリック広場
ポンピドゥーセンター
ノートルダム寺院
バスティーユ広場
オペラ・バスティーユ
ナシオン広場
パリ植物園
ベルシー公園
ビュット・ショーモン公園
ヴァンセンヌの森

rue de la Chapelle
bd de la Chapelle
rue la Fayette
rue de Flandre
bd d'Indochine
av. Jean Lolive
av. Jean Jaurès
bd de la Villette
bd Sérurier
av. Gambetta
bd Voltaire
av. Ph. Auguste
rue de Lagny
cours de Vincennes
bd Diderot
av. Daumesnil
bd de Bercy
quai de la Rapée
bd Soult
bd Paniatowski
bd Vincent Auriol

3E, 4E, 5E, 10E, 11E, 12E, 13E, 19E, 20E

Plan des Pâtisseries 119

A. サンジェルマン〜リュクサンブール

- Le Cacaotier ル・カカオティエ ▶P64
- Les Nuits des Thés レ・ニュイ・デ・テ ▶P82
- Ladurée Bonaparte ラデュレ・ボナパルト店 ▶P33
- Hugo&Victor ユーゴ&ヴィクトール ▶P22
- Pierre Hermé ピエール・エルメ ▶P41
- Thé Cool テ・クール ▶P80
- Poilâne ポワラーヌ ▶P65
- Patrick Roger パトリック・ロジェ ▶P64
- Salon du Panthéon サロン・デュ・パンテオン ▶P70
- Jean-Charles Rochoux ジャン=シャルル・ロシュー ▶P63
- Le Bon Marché la Grande Epicerie ル・ボン・マルシェ ラ・グラン・デピスリー ▶P52
- Sadaharu Aoki Paris サダハル・アオキ・パリ ▶P39
- Christian Constant クリスチャン・コンスタン ▶P41
- Mamie Gâteaux マミー・ガトー ▶P74
- Thérèse & Michel Beucher テレーズ&ミシェル・ブシェー ▶P87
- Art Macaron アール・マカロン ▶P56

B. 北マレ〜マレ

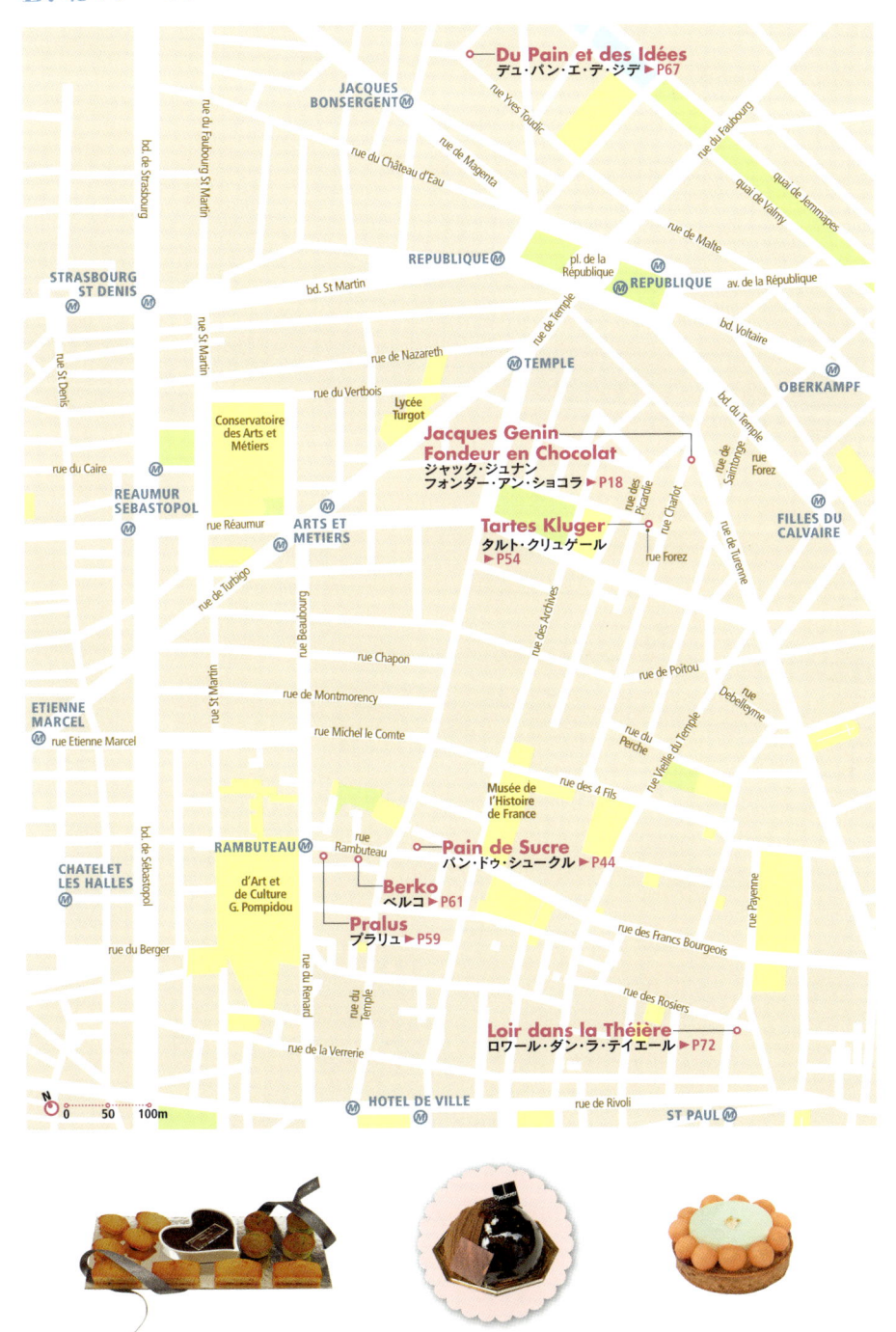

Du Pain et des Idées
デュ・パン・エ・デ・ジデ ▶P67

Jacques Genin Fondeur en Chocolat
ジャック・ジュナン
フォンダー・アン・ショコラ ▶P18

Tartes Kluger
タルト・クリュゲール ▶P54

Pain de Sucre
パン・ドゥ・シュークル ▶P44

Berko ベルコ ▶P61

Pralus プラリュ ▶P59

Loir dans la Théière
ロワール・ダン・ラ・テイエール ▶P72

Plan des Pâtisseries 121

C. オペラ～マドレーヌ～サントノレ

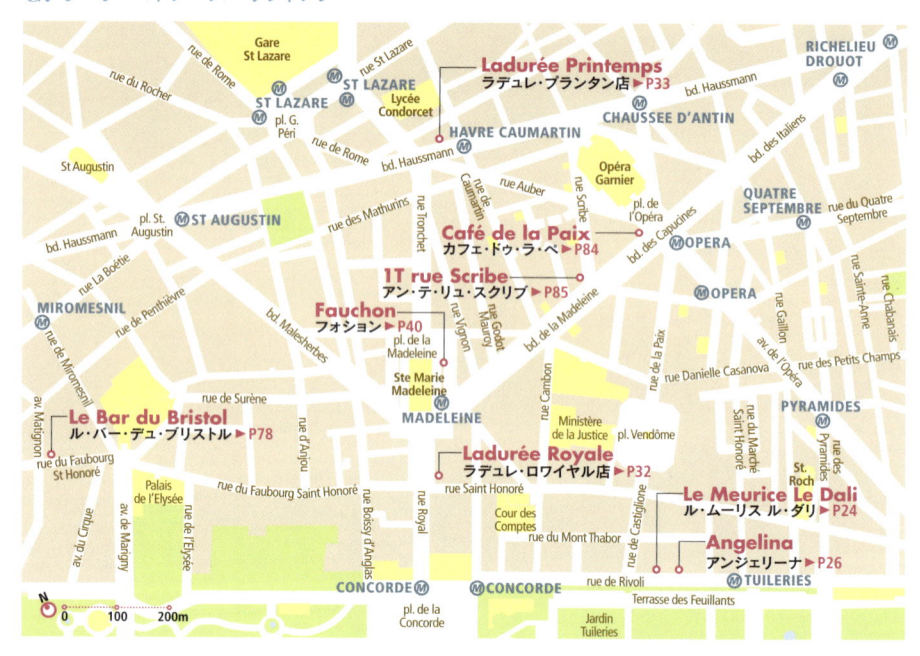

- **Ladurée Printemps** ラデュレ・プランタン店 ▶P33
- **Café de la Paix** カフェ・ドゥ・ラ・ペ ▶P84
- **1T rue Scribe** アン・テ・リュ・スクリブ ▶P85
- **Fauchon** フォション ▶P40
- **Le Bar du Bristol** ル・バー・デュ・ブリストル ▶P78
- **Ladurée Royale** ラデュレ・ロワイヤル店 ▶P32
- **Le Meurice Le Dali** ル・ムーリス ル・ダリ ▶P24
- **Angelina** アンジェリーナ ▶P26

D. シャンゼリゼ

- **La Maison du Chocolat** ラ・メゾン・デュ・ショコラ ▶P40
- **David Liébaux** ダヴィッド・リエボー ▶P62
- **Ladurée Champs Elysées** ラデュレ・シャンゼリゼ店 ▶P33
- **Hôtel Plaza Athénée Galerie de Gobelins** オテル・プラザ・アテネ ギャラリー・ドゥ・ゴブラン ▶P28
- **Lenôtre** ルノートル ▶P39

E. エチエンヌ・マルセル

- La Bourse / BOURSE
- Boulangerie Colin / ブランジュリー・コラン ▶P67
- A Priori Thé / ア・プリオリ・テ ▶P81
- Stohrer / ストレール ▶P12
- ETIENNE MARCEL

F. トロカデロ

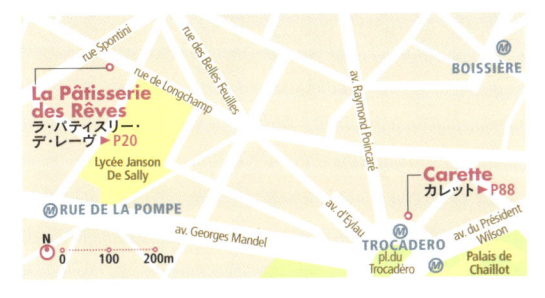

- La Pâtisserie des Rêves / ラ・パティスリー・デ・レーヴ ▶P20
- Carette / カレット ▶P88
- RUE DE LA POMPE
- BOISSIÈRE
- TROCADERO

G. エコール・ミリテール〜アンヴァリッド

- Le Moulin de la Vierge / ル・ムーラン・ドゥ・ラ・ヴィエルジュ ▶P58
- Jean Millet / ジャン・ミエ ▶P50
- Martine Lambert / マルティーヌ・ランベール ▶P88
- Jean-Paul Hévin / ジャン=ポール・エヴァン ▶P41
- LA TOUR-MAUBOURG
- ECOLE MILITAIRE

Plan des Pâtisseries 123

H. サンルイ島

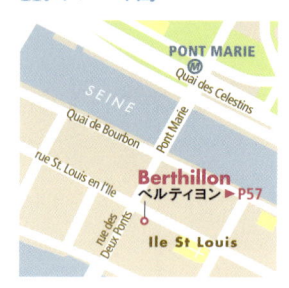

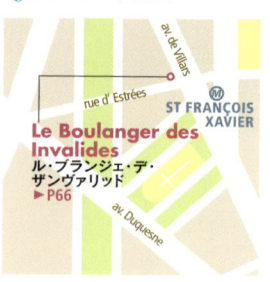

Berthillon ベルティヨン ▶P57

I. モンジュ通り

Carl Marletti カール・マルレッティ ▶P16

Le Boulanger de Monge ル・ブランジェ・ドゥ・モンジュ ▶P65

J. ヴィラー大通り

Le Boulanger des Invalides ル・ブランジェ・デ・ザンヴァリッド ▶P66

K. カデ

Aurore et Capucine オロール・エ・カプシーヌ ▶P89

A la Mère de Famille ア・ラ・メール・ドゥ・ファミーユ ▶P63

L. ピガール

Cupcakerie "Chloé.S" カップケークリー "クロエズ" ▶P76

M. ルドリュ・ロラン

Blé Sucré ブレ・シュクレ ▶P88

N. ポルト・ドレ

Vandermeersch ヴァンデルメルシュ ▶P40

O. ムートン・デュヴェルネ

Chez Bogato シェ・ボガト ▶P60

Aux Délices des Anges オ・デリス・デ・ザンジュ ▶P46

P. パストゥール大通り

Des Gâteaux & du Pain デ・ガトー・エ・デュ・パン ▶P30

Q. レヴィ通り

Lecureuil レクルイユ ▶P48

La Petite Rose ラ・プティット・ローズ ▶P83

R. モンマルトル

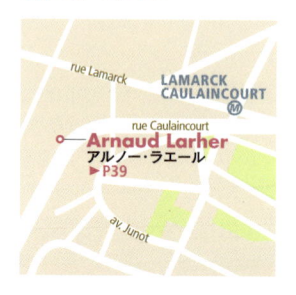

Arnaud Larher アルノー・ラエール ▶P39

S. ガンベッタ

Sucré Cacao シュクレ・カカオ ▶P8

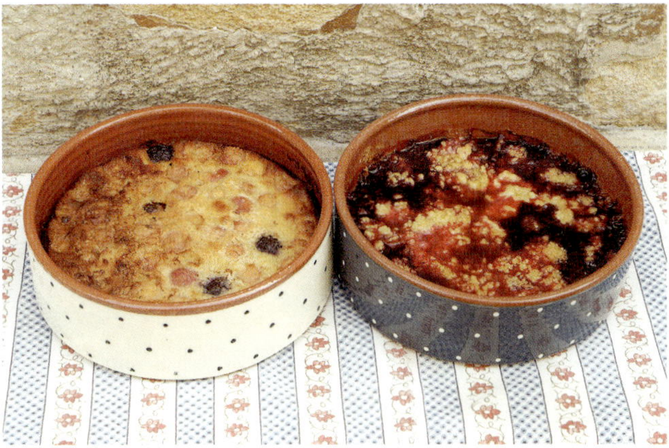

＊本書は『フィガロジャポン』2009年10月5日号「パリのお菓子。」、2008年7月5日号「夢のスイーツ、パリ発ラデュレ物語。」の各特集を再編集したものです。

photos : JEAN-MARC TINGAUD (P8-19, P24-31, P42, P106-117),
JUNICHI AKAHIRA (P14, P20-23, P76-77), KHALIL (P32-37),
MASATOSHI UENAKA (P38-41, P44-61, P65-68, P126),
SHIRO MURAMATSU (P62-64, P86-89),
MANABU MATSUNAGA (P70-75, P78-85, P90, P92-103, P125)
coordination : AYA ITO (P8-19, P24-31, P38-41, P44-61, P65-67, P106-117)
réalisation : YUKINO KANO (P20-23, P62-64, P70-89, P92-103),
MARIKO OMURA (PARIS OFFICE / P32-37)
texte : AYA ITO (P38-41)
cartes : DESIGN WORKSHOP JIN, inc.
collaboration : HENRI CHARPENTIER PARIS RIVE GAUCHE (P38-41)

madame FIGARO Books
パリのお菓子。

2010年9月26日　　初版発行

編　者　　フィガロジャポン編集部
発行者　　五百井健至
発行所　　株式会社阪急コミュニケーションズ

〒153-8541　東京都目黒区目黒1丁目24番12号
電話　03-5436-5721（販売）
　　　03-5436-5735（編集）
振替　00110-4-131334

ブックデザイン　　SANKAKUSHA
カバーデザイン　　増井かおる（SANKAKUSHA）

印刷・製本　　大日本印刷株式会社

©HANKYU COMMUNICATIONS Co., Ltd., 2010
Printed in Japan
ISBN978-4-484-10227-6

乱丁・落丁本はお取り替えいたします。
本書掲載の写真・記事の無断複写・転載を禁じます。